新时代气象防灾减灾科普丛书

农民
气象灾害防御手册

中国气象局◎编著

U0247769

气象出版社
China Meteorological Press

图书在版编目（CIP）数据

农民气象灾害防御手册 / 中国气象局编著. --北京：
气象出版社，2022.7
　（新时代气象防灾减灾科普丛书）
　ISBN 978-7-5029-7753-5

　Ⅰ. ①农⋯ Ⅱ. ①中⋯ Ⅲ. ①农业气象灾害－灾害防
治－中国－手册 Ⅳ. ①S42-62

　中国版本图书馆CIP数据核字(2022)第119178号

Nongmin Qixiang Zaihai Fangyu Shouce
农民气象灾害防御手册

出版发行 : 气象出版社

地　　址 : 北京市海淀区中关村南大街 46 号　　**邮政编码** : 100081

电　　话 : 010-68407112（总编室）　　010-68408042（发行部）

网　　址 : http://www.qxcbs.com　　**E-mail** : qxcbs@cma.gov.cn

责任编辑 : 邵　华　张玥滢　　　　　　**终　　审** : 吴晓鹏

责任校对 : 张硕杰　　　　　　　　　　**责任技编** : 赵相宁

设　　计 : 北京追韵文化发展有限公司　**制　　图** : 李　晨

印　　刷 : 北京地大彩印有限公司

开　　本 : 710 mm × 1000 mm　1/16　　**印　　张** : 10

字　　数 : 105 千字

版　　次 : 2022 年 7 月第 1 版　　　　　**印　　次** : 2022 年 7 月第 1 次印刷

定　　价 : 39.80 元

本书如存在文字不清、漏印以及缺页、倒页、脱页等，请与本社发行部联系调换

丛书序

　　天气是影响人类活动的重要因素。变幻莫测的气象风云，在让我们赖以生存的环境变得多姿多彩的同时，也给人类带来诸多挑战——气象灾害及其衍生灾害与我们如影随形。暴雨、台风、干旱、高温、沙尘暴、大雾、霾等气象灾害时有发生，由此引发的次生灾害，如中小河流洪水、城市内涝、山洪、地质灾害，以及病虫害、森林和草原火灾等灾害，也如悬顶之剑，不时威胁着我们的安全和发展。

　　我国是世界上受气象灾害影响最为严重的国家之一，灾害种类多、分布地域广、发生频率高、造成损失重，树立安全发展理念，防范化解重大风险，统筹发展与安全，必须建立科学高效的气象灾害防治体系，提高全社会的综合防灾减灾能力。多年来，气象工作者始终秉持服务国家、服务人民，深入贯彻落实习近平总书记关于防灾减灾救灾和气象工作重要指示精神，坚持人民至上、生命至上，全力筑牢气象防灾减灾第一道防线，在保障生命安全、生产发展、生活富裕、生态良好方面作出了积极贡献。此次编辑出版的《新时代气象防灾减灾科普丛书》，贴合不同重点人群需求分为三册：《领导干部气象灾害防御手册》《农民气象灾害防御手册》《青少年气象灾害防御手册》，旨在进一步提升气象防灾减灾知识普及的科学性、针对性和实用性，提高全社会气象防灾减灾意识和能力。

丛书内容以"灾害来了怎么辨、怎么办"为核心问题，聚焦 10 余种主要气象灾害，力争打造即拿即用的气象防灾减灾速查指南。《领导干部气象灾害防御手册》重点普及气象灾害类型，致灾原理，预警信号、防范措施和应急预案，旨在帮助领导干部、防灾减灾应急责任人员了解气象灾害特点、影响、预警信息及防御措施，提高科学防范气象灾害的决策能力。《农民气象灾害防御手册》重点介绍常见典型农业气象灾害及其防御措施，提升农民防范气象灾害、主动趋利避害和"看天种地"的能力。《青少年气象灾害防御手册》让青少年通过认识天气现象和灾害性天气，了解其背后的科学知识，激发科学探索兴趣的同时，增强防范气象灾害的意识和能力。

　　"明者远见于未萌，智者避危于无形"。希望本套丛书可以成为读者朋友的手边书，成为您身边常备的防灾减灾的锦囊集。

中国气象局局长：

2022 年 5 月

目 录

第一章

掌握一点儿气象基础知识

一、我们生活的大气层

大气是包围地球表面的空气的总称。在地球引力的作用下，大量气体聚集在地球周围，形成厚厚的大气层。

大气中的气体通常无色、无味，而且看不见、摸不着，所以人们习惯称它为"空气"。然而空气其实并不"空"，它是由多种气体和悬浮着的微粒组成的混合物。一般来说，这种混合物含有三类物质：干洁大气、水汽和气溶胶粒子。气溶胶粒子来源广泛。一类是由人类活动所产生的，像煤、木炭、石油的燃烧和工业活动等产生的大量固体烟粒等。另一类是由自然现象所产生的，像土壤微粒和岩石的风化、森林火灾与火山爆发所产生的大量烟粒和微粒。大气中的部分气溶胶粒子会使大气能见度降低，还能减弱太阳辐射和地面辐射，影响地面附近空气的温度。

▷▷▷ 大气分为几层？

一般来说，大气在水平方向上可以看作是均匀的，但是在垂直方向上差异却很大。人们常常按不同的标准，将大气在垂直方向上划分成不同的层次。最常用的是由地面到高空，按温度垂直分布将大气分为五层，即对流层、平流层、中间层、热层和散逸层。

对流层。对流层是靠近地面的一层大气。它的下界是地面，上界则随纬度和季节等因素而改变。对流层集中了大约75%的大气质量和90%以上的水汽质量，因此，主要的天气现象如云、雾、降水等都发生在这一层。对流层的最大特点是气温随高度的升高而降低。平均而言，高度每增加100米，气温降低约0.65℃。

平流层。自对流层顶向上到55千米左右的大气层为平流层。在平流层的下半部，温度随高度的升高基本不变或略有上升，上半部则温度随高度的增

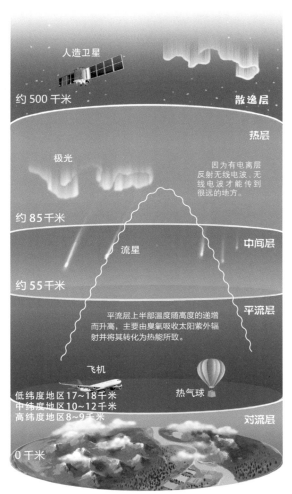

人造卫星

约500千米　　　　　**散逸层**

热层

极光

因为有电离层反射无线电波，无线电波才能传到很远的地方。

约85千米

中间层

流星

约55千米

平流层

平流层上半部温度随高度的递增而升高，主要由臭氧吸收太阳紫外辐射并将其转化为热能所致。

飞机

低纬度地区17~18千米
中纬度地区10~12千米
高纬度地区8~9千米

热气球

对流层

0千米

地球大气分层

加显著升高，到平流层顶可升至0℃左右。这主要是因为，在平流层内20~25千米高度处臭氧含量最多，称为臭氧层，而臭氧可以吸收太阳紫外辐射引起增暖。平流层整层气流比较平稳，水汽和尘埃含量很少，适于飞机航行。

中间层。平流层顶部向上到85千米左右的大气层为中间层，该层的最大特点是温度随高度的增加而迅速降低，其顶部温度可降至－83℃以下。

热层。中间层顶部向上到500千米左右的大气层为热层，该层空气处于高度的电离状态，这是因为空气受到强烈的太阳紫外辐射和宇宙射线的作用而形成的，所以该层又叫电离层。电离层可以反射无线电波，使无线电波能够绕地球曲面进行远距离的传播。

散逸层。热层顶以上的大气层称为散逸层，它是大气的最高层。该层内由于温度很高，空气又很稀薄，再加上地球引力很小，所以一些高速运动的大气质点可以挣脱地球引力的束缚、克服其他大气质点的阻碍而散逸到宇宙空间去。

二、认识几个基本气象要素

在查看天气预报时，我们总会遇到气温、风向、风力、阴、晴、雨、雪等名词术语。我们把表示天气状况的物理量和物理状态，或者说表示大气状态的物理量和物理状态，称为气象要素。气象要素有的表示大气的性质，如气温、气压、湿度；有的表示大气的运动状态，如风向、风速；有的描述大气中的一些现象，如雨、雪、露、霜、雷电等，这些现象又称为天气现象。其中，我们把气温、气压、湿度和风称为表征大气的四个基本气象要素。

▷▷▶ **气温**

在日常生活中，人们随时都能碰到冷和热的现象，物体的冷热程度可以用温度这个物理量来表征。类似的，气象学上把表示空气冷热程度的物理量称为空气温度，简称气温。天气预报中使用的气温，一般是指气象观测场中百叶箱内的温度表（距地面1.5米高度处）所测得的温度。

最高气温和最低气温。最高气温是指一天中空气温度的最高值，通常出现在14时左右；最低气温是指一天中空气温度的最低值，通常出现在清晨太阳升起之前。

平均气温。在一天之中，气温随时间而变化。一般把每天02时、08时、14时和20时四个时次观测得到的气温求平均值，作为该日的日平均气温。类似地，把一个旬（月）的逐日平均气温依次累加起来，再除以相应的天数，便得到一旬（月）的平均气温。把一年12个月的逐月平均气温再求平均值，即为该年的年平均气温。

▷▷▶ **气压**

气压就是大气压强，是指与大气相接触的面上，空气分子作用在每单位面积上的力。大气虽然看不见、摸不着，但它是客观存在的物质，它是有质量的，因此，它对位于其中的任何物体都是有压力的。那么，为什么人们在日常生活中一点也感觉不到大气的压力呢？这是因为大气是流体，处于其中某一位置的物体会受到来自四面八方的流体的压力，这些力的方向是相反的，大小是相等的，它们的合力等于零。所以，处在大气中的人类，虽然承受大气的压力，却能"若无其事"，一点感觉也没有。

▷▷▷ **空气湿度**

　　大气中是含有水分的，在气象学上，我们用空气湿度来表示空气的干湿程度，也就是空气中水汽含量的多少。在一定温度下，空气对于水汽的容纳量是有限的，如果水汽含量增大到某一极限值，就会达到饱和，如果超过这个极限值，将会有一部分水汽凝结成液态水。

　　在日常生活中，空气湿度常用相对湿度来表示，它是指空气中实际的水汽含量与同样温度条件下达到饱和时应有的水汽含量之比，以百分比（％）为单位。当空气处于饱和状态时，相对湿度为100％，当空气处

水汽的运动和变化形成云和雾

于未饱和状态时，相对湿度就小于100%。相对湿度与人体的直接感受紧密相连，我们平时所感觉到的空气的湿润或者干燥，就可以用相对湿度来体现。

水汽在大气中的运动和变化形成了雨、雪、云、雾、虹等丰富多彩的天气现象。气象业务中，关注水汽在大气中的含量、分布以及传输对降水的预报有着至关重要的作用；农林业中作物的生产依赖适宜的空气湿度条件；艺术品、木制品、化学药品和电子设备等许多物品的存放和储藏对于空气湿度也有着严格的要求。

▷▷▶ **风**

在户外，你可能会看到树枝在摇动，烟囱的烟柱倾斜飘走，旗子在飘动……所有这些现象都是人们看不见的风在起作用。气象上把空气在水平方向的运动定义为风，它是表示空气运动的一种物理量。风不仅有数值的大小（风速），还有方向（风向）。

风速是指单位时间内空气在水平方向上流动的距离，常用单位有米/秒、千米/时。气象服务中，一般用风力等级来表示风速的大小。根据风吹在地面或水面的物体上所产生的各种现象，把风力分为18个等级，最小是0级，最大为17级。

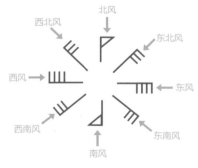

风向示意图

　　风向是指风吹来的方向，地面风向用不同的方位来表示，常用的8个方位分别为：北、东北、东、东南、南、西南、西、西北。

　　那么，风是如何形成的呢？由于地理纬度的差异，地球表面各部分获得太阳辐射的多少不同，再加上海洋与陆地地形、植被等差异，使各地受热不同，气温分布不均匀。在气温高的地区，空气膨胀变"轻"而上升，到高空后向四周流散；而在气温低的地区，空气受冷收缩变"重"而下沉，沉到低层向外流散。可见，气压的高低可以随气温的变化而变化，即气温高则气压低，气温低则气压高。气压高低之差称为"气压差"。空气从气压高的地方向气压低的地方发生水平流动，便产生了风。两地气压差越大，空气流动的速度越快，风速越大，反之就小。当两地气压相等时，空气就停止流动，气象上称此为无风或静风。

三、变幻莫测的天气现象

　　我们生活的大气和陆地不仅有冷暖干湿的变化，还有风、霜、雨、雪等奇妙的自然现象。我们把发生在大气中、地面上的由天气原因引起的物理现象称为天气现象。天气现象可以分为降水现象、地面凝结现象、视程障碍现象、雷电现象和其他现象等。

▷▷▷ 降水现象

　　降水现象是由云中降落到地面上的水汽凝结物现象。它的产生过程主要是大气中的水汽上升遇冷凝结形成云滴，在适当的条件下，云滴逐渐增长，当云滴增大到能克服空气的阻力和上升气流的顶托时就会降落，如果在降落过程中没有被蒸发而到达地面，则形成降水。根据大气温度的分布条件不同可形成雨、雪、冰粒等不同形态，而要形成较强的降水，则需要有充分的水汽供应、强烈的气流上升运动及相对较长的持续时间。

　　雨。滴状的液态降水，下降时清楚可见，落在水面上会激起波纹和水花，落在干地上可留下湿斑。

雨

雪

雪。固态降水，大多是白色不透明的六出分枝的星状、六角形片状结晶，常缓缓飘落，强度变化较缓慢。温度较高时多成团降落。

雨夹雪。半融化的雪（湿雪），或雨和雪同时下降。

霰。白色不透明的圆锥形或球形的颗粒状固态降水，直径为2～5毫米，下降时常呈阵性，着硬地常反跳，松脆易碎。

米雪。白色不透明的比较扁、长的小颗粒固态降水，直径常小于1毫米，着硬地不反跳。

冰粒。透明的丸状或不规则的固态降水，较硬，着硬地一般反跳，直径小于5毫米。有时内部还有未冻结的水，如被碰碎，则仅剩下破碎的冰壳。

冰雹。坚硬的球状、锥状或形状不规则的固态降水，雹核一般不透明，外面包有透明的冰层，或由透明的冰层与不透明的冰层相间组成。冰雹的大小差异大，大的直径可达数十毫米，常伴随雷暴出现。

▷▷▶ 地面凝结和冻结现象

地面凝结和冻结现象是大气中的水汽在地面或近地面物体上凝结（由气态变成液态）、凝华（由气态直接变成固态），或者雨滴冻结的天气现象。

露

露。水汽在地面或近地面物体上凝结而成的水珠。

霜。水汽在地面或近地面物体上凝华而成的白色松脆的冰晶，或是由露冻结而成的冰珠。容易在晴朗风小的夜间形成。

霜

雨凇。过冷却雨滴（温度低于0℃但没有冻结的雨滴）碰到地面物体后，直接冻结而成的坚硬冰层，呈透明或毛玻璃状，外表光滑或略有隆突。

雨凇

雾凇。空气中水汽直接凝华，或过冷却雾滴直接冻结在物体上形成的乳白色冰晶物，常呈毛茸茸的针状或表面起伏不平的粒状，多附在细长的物体上或物体的迎风面上，有时结构较松脆，受震易塌落。

雾凇

▷▷▷ **视程障碍现象**

视程障碍现象是指对能见度造成影响且其强度与能见度直接相关的天气现象。

雾。大量微小水滴浮游空中，使水平能见度小于1.0千米的现象，常呈乳白色。高纬度地区出现冰雾也记为雾，并加记冰针。

霾。大悬浮在空中肉眼无法分辨的大量微粒，使水平能见度小于10.0千米的空气普遍混浊现象。霾使远处光亮物体微带黄、红色，使黑暗物体微带蓝色。

　　吹雪。 由于强风将地面积雪卷起，使水平能见度小于10.0千米的现象。

　　雪暴。 大量的雪被强风卷着随风运行，并且不能判定当时天空是否有降雪的现象，水平能见度一般小于1.0千米。

　　浮尘。 尘土、细沙均匀地浮游在空中，使水平能见度小于10.0千米的现象。浮尘多为远处尘沙经上层气流传播而来，或者是沙尘暴、扬沙出现后尚未下沉的细粒浮游空中而成。

　　扬沙。 风将地面尘沙吹起，使空气相当混浊，水平能见度大于或等于1.0千米至小于10.0千米的现象。

　　沙尘暴。 强风将地面大量尘沙吹起，使空气相当混浊，水平能见度小于1.0千米的现象。沙尘天气多发生于春季中国北方沙漠、戈壁及大片地表裸露区，往往与较强冷空气相伴。

拓展窗：雾和霾的区别

当空气中容纳的水汽达到最大限度时会达到饱和，而且气温越高空气能容纳的水汽越多。因此，当近地面的空气温度下降，导致其中的水汽超过饱和量，多余的水汽就会凝结变成小水滴，于是形成了雾。

霾与大气中的污染物有关，当遇到不利于大气污染物扩散的气象条件时，就容易形成霾。

霾和雾的主要区别在于空气的相对湿度，出现霾时空气相对湿度一般小于80%，而出现雾时水汽一般接近饱和。

▷▷▷ **雷电现象**

雷电现象是指大气中与放电、电离有关的现象。

雷暴。由于强积雨云引起的伴有雷电活动和阵性降水的局地风暴，在地面观测中仅指伴有雷鸣和电闪的天气现象。

闪电。大气中的强放电现象。按其发生的部位，可分为云中、云间或云地之间三种放电。

极光。在高纬度地区（中纬度地区也可偶见）晴朗的夜晚见到的一种在大气高层辉煌闪烁的彩色光弧或光幕，亮度一般像满月夜间的云。

极光

拓展窗：雷暴和闪电是如何产生的？

雷暴和闪电均诞生于积雨云中。当积雨云中积累了大量电荷，形成分离的正、负电荷中心，其电场强度到达一定程度时，就会发生放电现象。

▷▷▷ **其他现象**

其他常见的天气现象还有很多。例如大风（瞬时风力达到或超过8级的风）、飑（突然发作的强风，持续时间短促，出现时瞬时风速突增，风向突变，气象要素随之亦有剧烈变化，常伴随雷雨出现）、龙卷（一种小范围的强烈旋风，从外观看，是从积雨云底盘旋下垂的一个漏斗状云体，有时触及地面或水面）、尘卷风（因地面局部强烈增热，而在近地面气层中产生的小旋风，尘沙及其他细小物体会随风卷起，形成尘柱）等。

龙卷

四、大气与人类的密切联系

人类与大气，如同鱼与水的关系一样。大气是孕育包括人类在内的地球生命的摇篮，又是保护地球生命正常生存的屏障。

大气中存在地球上的生物生存所必需的氧气和二氧化碳等，通过生物的光合作用（从大气中吸收二氧化碳、放出氧气，制造有机质）和呼吸作用（吸入氧气，放出二氧化碳），氧气和二氧化碳的物质循环得以实现，生物的生命活动得以维持，因此，没有大气就没有地球上大大小小的生命。此外，大气的运动使得地球表面的水循环过程往复不止，所以地球上始终有各种形态的水存在。如果没有大气，地球上的水就会蒸发散逸，没有水，自然界就没有生机，也就没有当今世界。

大气中的水汽、二氧化碳和甲烷等气体，被称为温室气体，它们可以保护地表的热量不易散失，为生命创造适宜的温度条件，否则，地球将会变得极为寒冷，不适宜生物的生存。

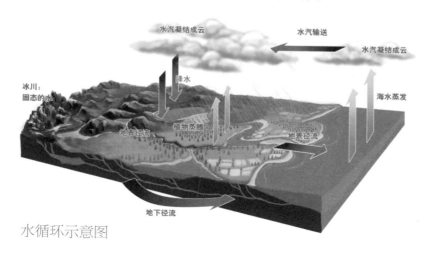

水循环示意图

拓展窗：温室效应

宇宙中所有物体都在向外辐射电磁波，物体温度越高，辐射的波长越短。太阳发出的是短波辐射，地球发出的是长波辐射，它们在经过地球大气时的历程是不同的：大约有一半的太阳短波辐射可以穿透大气，到达地面；而绝大部分的地面长波辐射却会被大气中的温室气体吸收，使大气热量增加，同时自身也会向外放出长波辐射，这其中大部分又返还给了地面，使地面升温。大气的这种保温作用就是温室效应。

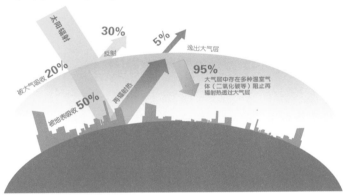

温室效应原理

众所周知，大气中的臭氧层是一把地球的保护伞，这是因为它能有效吸收太阳辐射中的紫外线，从而保护人类免受太阳紫外辐射的伤害。

人们偶尔会看到天空中有流星划过，这是地球大气中的氧气在起作用，它使得快速运动的太空小星体氧化燃烧，或烧尽，或只剩下一小块落到地球上，从而对地球上的生物起到一定的保护作用。同样，大气层外的地球磁层阻挡了大量宇宙粒子进入大气层，对生物也起到了一定的保护作用。

第二章

了解一些天气预报的奥秘

一、天气预报是怎么做出来的

提起天气预报，大家并不陌生。我们获取天气信息的方式也是五花八门，包括广播、电视、热线电话、公共显示屏、网络、手机等。但是这些未来天气的信息如何得来的呢？

天气预报是应用大气变化的规律，根据当前及近期的天气形势，对某一地区未来一定时期内可能出现的天气状况进行预测。天气预报的制作发布是个复杂的过程，主要包括气象观测、数据收集和传输、综合分析、预报会商和预报产品发布五个环节，每个环节对于最后的预报结果都至关重要。

气象观测。气象观测为天气预报提供最基础的气象数据。每天遍布于全国的气象观测设备将在统一的时间并观测同样的次数采集气象要素信息。我国已经建成了世界上规模最大、覆盖最全的综合气象观测系统。气象观测的范围涵盖了地面观测（陆地和海洋表面至10米）、高空观测（10米至30千米）、空间观测（30千米以上）三个层次。主要的观测手段包括气象观测站（地面、海岛、浮标）、探空气球、飞机、气象雷达、气象卫星等。通过这些观测手段，可以获取大气层中不同高度的气温、气压、湿度、风等气象要素信息，以及降水量、云量、太阳辐射、能见度等信息。

数据收集和传输。有了基础的观测数据，下一步就是将这些观测数据通过高速通信网络传递、汇集，输入到高性能的计算机用于数值天气预报。

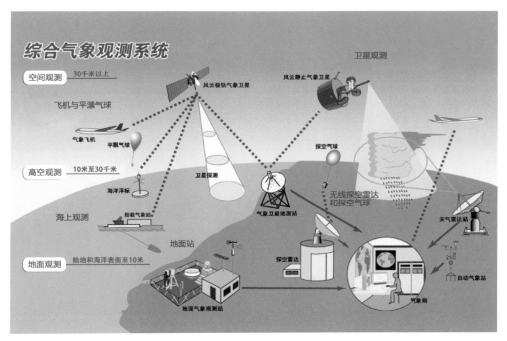

综合气象观测系统

　　所谓数值天气预报，简单地说，就是利用计算机去求解描述大气运动的方程组，实现对未来天气的模拟预测。数值天气预报的结果将被处理成反映未来天气形势和气象要素演变的各类图表，供预报员进行分析使用。

　　综合分析。天气预报员通过分析天气图和国内外的数值预报产品，同时结合当地环境、区域天气特征，并综合考虑气象卫星、雷达等探测资料以及主观经验进行分析判断，对数值预报的结果进行订正，然后做出未来不同时间段的具体天气预报。

预报会商。由于影响天气的原因很多、很复杂，预报员需要通过交流讨论集思广益。这就像医生给病人会诊一样，在天气会商时，所有预报员充分发表自己的意见，主班预报员对预报意见汇总后，经过综合分析，对未来天气的发展变化做出最终的预报结论。

预报产品发布。天气预报结论做出后，将会被制作成不同形式的预报产品，通过广播、电视、报纸、互联网、手机APP、"96121"系统、信息显示屏等媒体向公众发布，这就是大家收看、收听到的天气预报了。

天气预报电视节目

二、气象观测的"顺风耳"和"千里眼"

气象观测是所有气象业务和服务的最基础环节，它采集到的气象数据为天气气候的预报预测提供了必须的初始信息。准确、精细的观测资料也是提高天气预报准确率和时效性的重要保证。

可是，地球的大气看不见又摸不着，而且有天气现象产生的对流层高达十几千米，我们要如何对它的状态进行观测呢？随着人类社会的发展，各种高科技逐步应用到了大气探测领域，下面我们就来认识一下现代气象观测中的两大法宝——"顺风耳"气象雷达和"千里眼"气象卫星吧。

▷▷▶ 气象雷达

气象雷达是专门用于大气探测的雷达。根据探测的内容不同主要有测雨雷达、测云雷达和测风雷达等。例如，测雨雷达又称天气雷达，是用于探测天气系统的位置、分布和状态的雷达，能够探测台风、局部地区强风暴、冰雹、暴雨和强对流云体等，并能监视天气的变化。

那么雷达图该怎么看呢？雷达回波图上，绿色回波包围内的区域一般都对应有降水出现。雷达回波从绿色到暖红色，降水强度逐渐增强。绿色区域一般对应弱降水，亮黄色区域一般对应中等强度降水，暖红色区域一般对应强降水。用顺口溜说，就是"蓝云、绿雨、黄对流，红到发紫强对流"。所谓强对流，是指强烈对流性天气，常伴有雷雨大风、冰雹、龙卷、局部强降雨等。因此，当看到雷达图"红到发紫"时，就要注意防灾避险。

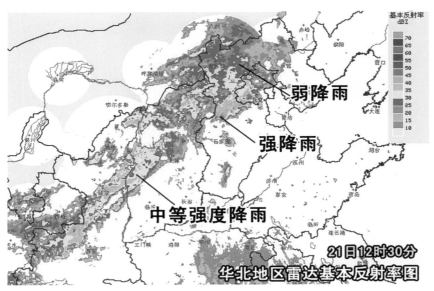

雷达回波图

▷▷▷ **气象卫星** ▶▶▶

　　气象卫星是气象界最高端的探测工具，分为极轨气象卫星和静止气象卫星两类，具有观测范围大、及时迅速、连续完整的特点。气象卫星可以全天24小时不间断地提供图像资料，在森林防火、台风、暴雨、沙尘暴、大雾、干旱、洪涝、雪灾等的监测中，都有气象卫星的应用。

　　极轨气象卫星又称太阳同步轨道气象卫星，它环绕地球运行，轨道通过地球的南北两极，轨道高度850千米左右，绕地球飞行一圈大约需要100分钟。它的优点是可以对全球任何地点进行观测。但由于它隔12小时才能对同一地点观测一次，因此观测不连贯，容易错过一些转瞬即逝的变化。

　　静止气象卫星又称地球同步轨道气象卫星，它在赤道上方高轨道上运行，距离地面约35800千米，可以拍摄到1/3个地球的影像，它环绕地球的速度与地球自转的速度相同，因此从地面上来看是静止的。它的优点是对特定地区可进行24小时连续不间断的观测。但由于相对于地球是静止不动的，因此同一颗静止卫星只能观测固定区域的资料。

　　目前，我国是世界上少数几个同时拥有极轨气象卫星和静止气象卫星的国家之一。我国发射的气象卫星以"风云卫星"来命名。其中，单号为极轨气象卫星，如风云一号和风云三号系列；双号为静止气象卫星，如风云二号和风云四号系列。

三、天气预报能百分之百准确吗

天气预报，是气象部门最核心的业务。目前，我们国家建成了精细化、无缝隙的现代气象预报预测系统，能够发布从分钟、小时、天到月、季、年的预报预测产品，全球数值天气预报精细到10千米，全国智能网格预报精细到5千米，区域数值天气预报精细到1千米，还建立了台风、重污染天气、沙尘暴、山洪地质灾害等专业气象预报业务。

能够准确地预知未来天气，是公众最朴素的愿望。做出更精细、更准确的天气预报，是气象人永恒不变的追求。然而，天气预报属于预测科学，从科学规律来讲，预测科学不可能完全准确或者永远准确，天气预报也同样如此。经过气象工作者的不懈努力，在过去数十年中，我国的天气预报水平有了较大的提高。然而社会公众理解的准确率同气象学定义的准确率是有一定差别的。例如，天气预报北京局部地区有雨，雨下在北京西部，西部的居民大部分会认为准确，但东部的居民就会认为预报不准，这正是诗句"东边日出西边雨"的写照。

那么，为什么天气预报难以做到绝对准确呢？原因是多方面的。

第一，大气系统为非线性系统。大气是混沌的，很小的波动也可能产生巨大的湍流。正如美国麻省理工学院教授洛伦茨所做的比喻，一只小小的蝴蝶在巴西上空扇动翅膀，可能在一个月后的美国得克萨斯州引起一场风暴，这就是著名的蝴蝶效应。正是由于大气的千变万化，人类至今尚未完全认识和掌握大气运动的规律。

第二，地面气象观测台站空间间隔较大且分布不均。一些中小尺度天气现象如雷暴、龙卷、冰雹等经常成为观测中的"漏网之鱼"。

第三，数值天气预报的不确定性。数值天气预报是把大气的演变规律近似表示为一组数学方程式，通过求解方程组得到对未来的天气或气候状况的预测。在计算过程中，初始误差和计算误差也会随着时间的推移而放大。

第四，全球气候变化增加了天气预报的难度。在气候变暖的大背景下，极端天气事件发生的概率和频率呈现增加的趋势，这就需要预报员去进一步认识和了解新的天气特点和气候变化规律，不断发现、总结、补充新的预报经验。虽然预报准确率难以做到100%，但是随着科学技术的不断发展和人类认知水平的提高，天气预报准确率会越来越高的。

四、如何看懂天气预报

常规的天气预报一般包含预报时段、天气现象、风和温度、发布台站和时间等几个要素，在一些重要天气预报中还要告知影响地域。为了方便使用与管理，天气预报的用语都有严格的规定。因此，要看懂天气预报，就需要知道天气预报用语的含义，同时还要注意天气预报发布的台站和时间。天气预报中常见的用语有时间用语、天空状况用语、温度用语、降水用语、风的用语和地区划分用语等。

▶▶▶

　　天气预报中对时间的概念有明确的规定，例如天气预报中的一天指前一天的20时到当天的20时，在天气预报中经常听到或见到的时间段含义如图所示。

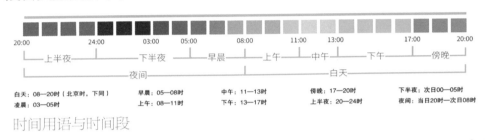

时间用语与时间段

▶▶▶

　　晴天。天空无云，或有零星的云块，但中、低云云量不到天空的1/10，或高云云量不到天空的4/10。

　　少云。天空有1/10～3/10的中、低云，或有4/10～5/10的高云。

　　多云。天空云量较多，有4/10～7/10的中、低云，或有6/10～8/10的高云。

　　阴天。中、低云云量占天空面积的8/10及8/10以上，或天空虽有云隙但仍有阴暗之感。

▶▶▶

　　今天最高温度。指今天白天出现的最高气温。受太阳辐射的影响，最高气温一般出现在14时左右。

明晨最低温度。指第二天早晨出现的最低气温，一般出现在清晨06时左右。

明天最低温度。由于受冷空气影响等原因，有时最低气温不是出现在明天早晨，而是出现在明天白天，气象台站往往用"明天最低温度"这个用语。

▷▷▶ 降水用语 ◀◀◁

零星小雨。又称微量降雨，降雨时间很短，24小时降雨量不超过0.1毫米。

阴有雨。是指降雨过程中无间断或间断不明显的现象。

阴有时有雨。降雨过程中时阴时雨，降雨有间断的现象。

阵雨。是指雨势时大、时小、时停，雨滴下落和停止都很突然的液态降水。

雷阵雨。指降雨时伴有雷声或闪电。

局部地区有雨。指降水地区分布不均匀，有的地方下，有的地方不下。

雨夹雪。在降水时，有雨滴同时夹带雪花。

雨转雪。当时下雨，不久将转变为降雪。

▷▷▷ **风的用语**

风向。天气预报中的风向指风的来向，一般用八个方位表示，即北、东北、东、东南、南、西南、西、西北。

风力等级。是根据风对地面（或海面）物体的影响程度来确定。气象部门根据风力大小对地面物体的影响程度作了形象化的表述，用来判断风的等级，常用的民歌形式如下。

风级歌

0 级烟柱直冲天　　1 级青烟随风偏　　2 级风来吹脸面　　3 级叶动红旗展

4 级风吹飞纸片　　5 级带叶小树摇　　6 级举伞步行艰　　7 级迎风走不便

8 级风吹树枝断　　9 级屋顶飞瓦片　　10 级拔树又倒屋　　11、12 级及以上陆上很少见

阵风。当风力较大时，气象台在风力的预报中，常常加上"阵风"，如风力5～6级，阵风7级。意思是：一般（或平均）风力5～6级，最大风力可达7级。"阵风"有短时间或瞬间最大可达的意思。

风向的转变。当未来风向变化达90°或90°以上时，在风向的预报中一般要加"转"字，如"今天夜里偏南风，明天白天起转偏北风"等。

▷▷▷ 地区划分用语

我国疆土辽阔，为了便于制作和描述涉及地理分布的气象产品，也便于描述和分析天气现象，明确气象灾情的分布以及灾害性天气预报预警位置和范围，气象部门制定了气象地理区划。根据中国气象局印发的《气象地理区划规范》规定，我国的地区区划分为三级。

一级地区区划将中国陆地划分为10个地区，分别为华北地区（北京、天津、河北、山西）、东北地区（辽宁、吉林、黑龙江）、华东地区（上海、江苏、浙江、安徽、福建、江西、山东、台湾）、华中地区（河南、湖北、湖南）、华南地区（广东、广西、海南、香港、澳门）、西南地区（重庆、四川、贵州、云南）、西北地区（陕西、甘肃、青海、宁夏）、内蒙古地区、西藏地区和新疆地区。

二级地区区划是直接采用各省（自治区、直辖市）行政区。

三级地区区划按照东西、南北方位，结合当地通识的区域划分和天气气候特征，将各省（自治区、直辖市）进一步划分若干方位区。

此外，《气象地理区划规范》还规定了**特定区域区划**，指气象服务中长期使用并广为接受的常用地理区划，总计有11个地区，分别为北方地区、南方地区、中东部地区、东部地区、长江中下游地区、青藏高原地区、华西地区、黄淮地区、江淮地区、江南地区和江汉地区。

第三章
学习一下气候和气候变化的要点

一、气候和天气是同一个概念吗

天气是指短时间内，比如几分钟内或者几天内，发生在大气中的现象和状态，如雷暴、冰雹、台风、雨雪以及阴晴冷暖等自然现象。举个例子，下面这段对话里说的就是天气：

而气候是指长时期内，比如几个月内或者数百年内，温度、降水、风、日照等气象要素以及天气过程的统计状况，主要反映一个地区的冷、暖、干、湿等基本特征。也就是说，一个地方的气候特征是通过该地区气象要素的平均值和极端值反映出来的。例如下面的对话，谈论的就是气候：

简单地理解，天气指短时的天气现象，而气候是指一种平均状态。天气是气候的基础，气候是天气的概括。

二、我国的气候有什么特点

我国地域辽阔，西北位于世界最大的大陆——欧亚大陆的腹地，东南濒临世界第一大洋——太平洋，西南为世界上最高的高原——青藏高原。独特的地理位置和地形特点使得我国的气候兼具季风性和大陆性的特点，而且气候类型复杂多样。

▷▷▶ 显著的季风性气候特点

我国大部分地区拥有冷干的冬季和暖湿的夏季，这是典型的季风气候特征。在这些地区一年中风向发生着规律性的季节更替，冬季盛行由大陆吹向海洋的偏北风和西北风，夏季盛行由海洋吹向大陆的东南风或西南风。

季风特色不仅反映在风向的转换上，也反映在干湿的变化上，随着季风的进退，降水也有明显的季节变化。我国大部分地区降水主要集中在夏季，全国平均来看，4—9月降水量约占全年的80%。这主要是由于雨带会随着夏季风的发展北推，阶段性地从低纬度向中、高纬度移动，也随着夏季风的消退而迅速南撤，导致雨季的结束。

这种雨热同期的气候特点对农业生产十分有利，冬季作物已收割或停止生长，一般并不需要太多水分，夏季作物生长旺盛，正是需要大量水分的季节。由此可见，我国东部地区的繁荣和发达与季风给这里带来的优越的气候条件不无关系。

▷▷▷ 明显的大陆性气候特点

　　我国大陆性气候的特征主要表现在气温的年、日变化大。冬季，中国南方温暖、北方寒冷，南北气温差别大；夏季，除青藏高原等地势高的地区外，全国普遍高温，南北气温差别不大。最冷月多出现在1月，在我国最北部，年最低气温的多年平均值低于-45℃，而在海南岛，年最低气温平均值可达11℃，相差50℃以上；最热月几乎都出现在7月，东部淮河以南月平均气温基本上在28～30℃。

大陆性气候

▷▷▷ 多样的气候类型

　　我国最北端的漠河位于北纬53°以北，最南端的南沙群岛位于北纬3°，南北相距约50个纬度，地跨寒、温、热各种气候带，再加上高山深谷、丘陵盆地等地形使得不大的水平范围内也能形成"十里不同天"的不同气候带。总体来看，我国的主要气候类型有以下五种。

热带季风气候。包括台湾省的南部、雷州半岛和海南岛等地。全年雨量充沛，气温高，无冬。

亚热带季风气候。我国华南、江南、江淮及四川盆地等地区属于此种类型的气候。夏季高温多雨，冬季温凉少雨。

温带大陆性气候。我国西北地区及内蒙古西部等地属于此种类型的气候。全年降水少，气候干燥，早晚温差大。

温带季风气候。我国东北、华北地区属于此种类型的气候。夏季温和多雨，冬季寒冷干燥。

高山高原气候。我国西藏、青海、四川西部属于此种类型的气候。全年低温，降水较少，冬季寒冷，夏季凉爽。

从水分条件来看，我国具有完全不同的干燥大陆气候和湿润季风气候。从沿海向内陆有湿润地区、半湿润地区、半干旱地区和干旱地区，其中干旱、半干旱地区面积约占全国总面积的一半。大体上全

温带大陆性气候

高山高原气候

国可划分为东部季风区、西北干旱区和青藏高寒区三个大区。秦岭—淮河以南地区的年降水量普遍在800毫米以上，东南沿海超过2500毫米。大兴安岭—榆林—兰州—拉萨一线以西以干旱半干旱为主，柴达木盆地、塔里木盆地和吐鲁番盆地年降水量在50毫米以下。

水热配合类型多也增加了气候的多样性。再加上中国地形复杂，山脉纵横，气候垂直变化显著，更增加了我国气候的复杂性。

三、气候变化是怎么回事

气候通常由某一时期的平均值和距此平均值的离差值（气象学上称为距平值）来表征。气候变化就是指气候平均值或距平值出现了统计意义上显著的变化。

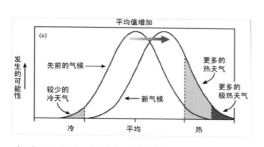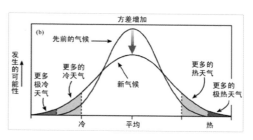

气候变化与气候平均值和变化幅度的关系

我们赖以生存的地球是一个极其复杂的系统，气候系统是构成这个地球系统的重要一环。在漫长的地球历史中，气候始终处在不断的变化之中。

引起气候变化的原因可分成自然因子和人为因子两大类。前者包括太阳活动、火山活动和气候系统内部变率等，后者包括人类活动引起的大气中温室气体浓度增加、气溶胶浓度变化、陆面覆盖和土地利用变化等。

在工业革命之前，气候变化主要受自然因子的影响。工业化时代到来后，人类大量燃烧煤炭、石油等化石燃料，大量二氧化碳等温室气体被排放到大气中，通过温室效应引起全球气候变暖。人类活动还能产生大量气溶胶粒子，它们可以通过影响大气的水循环和辐射平衡来引起气候变化。此外，城镇化发展、森林砍伐等活动引起了土地利用方式的变化，这会改变地表的物理特性，影响地表和大气之间的能量和物质交换，从而使区域气候发生变化。

有越来越多的研究表明，近百年来人类活动加剧了气候变化的进程。2011—2020年全球地表平均气温相比工业化前（1850—1900年）升高约1.09℃。1901—2018年，由于海水受热膨胀、冰川冰盖融化等原因，全球海平面上升约0.2米。

四、气候也是一种资源

人类生存、繁衍，社会进步，工业文明发展，都离不开各种自然资源。丰富多样的气候资源，是自然资源的重要组成部分。气候资源是指在一定的经济技术条件下，能为人类生产和生活所利用的光、热、水、风、空气成分等物质和能量。

随着现代科技的进步，人们逐渐懂得开发利用气候资源为自己服务。这其中广为人知的有太阳能资源、风能资源，此外还包括云水资源、农业气候资源等。

太阳能资源。是指以电磁波的形式投射到地球，可转化成热能、电能、化学能等以供人类利用的太阳辐射能。太阳辐射是一种数量巨大的天然能源。不过，由于太阳辐射能量密度小，可变性大，目前人类只利用了太阳能中十分微小的一部分。我国的太阳能资源丰富，最丰富的地区为青藏高原及内蒙古西部，占国土面积的22.8%。

太阳能电池板

风能资源。是大气运动所产生的动能。风能和太阳能一样，也是一种取之不尽、用之不竭的清洁能源。我国是世界上最早利用风能的国家之一，比较系统地开

风力发电站

发利用风能是从20世纪70年代中期以后开始的，风能开发利用的重点地区主要集中在沿海一带、三北地区和青藏高原中北部。

云水资源。是指存在于空中，能够通过一定技术手段被人类开发利用的水凝物。人工增雨（雪）是开发云水资源的有效手段，即在适当的条件下，采用具有针对性的人工催化技术，改变云降水物理过程，促使更多的云水转化为降水，从而达到增加局地降水的目的。在抗旱减灾的强烈需求推动下，我国从1958年开始进行了大量的人工增雨（雪）作业，极大地缓解了旱情和水资源短缺的问题。

人工影响天作业飞机

农业气候资源。是能为农业生产所利用的气候要素中的物质和能量的总称。农业气候资源主要由光能、热量、水分和大气组成，它们构成了农业生产必不可少的基本条件。

光能是农作物生长最基本的能量来源，其中在太阳辐射中占约41%～50%的可见光部分能够被农作物直接吸收，称为光合有效辐射。热量是农作物生长发育所必需的环境条件之一，决定了作物的生长期长短和种植制度，还能够影响作物的产量和品质。而水分是农作物进行光合作用的必备原料，因此是决定其生长发育的基本条件之一。水分资源包括降水量、土壤储水量等。

第四章

不可忽视的气象灾害

一、常见的气象灾害有哪些

每年我们都会或多或少地遇上狂风暴雨、雷鸣电闪，感受天气的炎热或寒冷，这些现象有时甚至会对我们的生产生活或自身造成一定危害而成为一种灾害——气象灾害。通常，我们将气象灾害定义为由于气象原因直接或间接引起的，给人类和社会经济造成伤亡或财产损失的自然灾害。

我国幅员辽阔，人口众多，自然环境复杂，天气气候多变，是世界上受气象灾害影响最严重的国家之一，气象灾害平均每年造成的经济损失占全部自然灾害损失的70%以上。我国是农业大国，农业生产对气象条件十分敏感，因此，气象灾害对农业的影响也不容忽视，

台风来袭

1950—2017年，我国平均每年因气象灾害导致的农业受灾面积达3781.7万公顷，占全国总播种面积的26%。

气象灾害的种类多、发生频率高、分布范围广、群发性强、造成损失重，因此了解气象灾害及其危害性，正确认识气象灾害的发生发展规律并做好预测预防工作，已经成为现代社会广泛关注的问题。那么常见的气象灾害有哪些？如果遭遇气象灾害，有哪些实用的防御措施呢？

▷▷▶ 台风

台风是热带气旋的六个级别之一。热带气旋是发生在热带或副热带洋面上的低压涡旋，是一种强大而深厚的热带天气系统。我国把西

双台"共舞"

北太平洋和南海的热带气旋按其底层中心附近最大平均风力（风速）大小划分为6个等级，其中风力为12级或以上的，统称为台风。台风常带来狂风、暴雨和风暴潮，给我国沿海地区造成严重灾害。

应急避险小贴士

台风来临时，尽量不要外出，关紧门窗，用胶布在窗玻璃上贴成"米"字形。

将阳台、屋顶容易被风吹走的物件绑紧，花盆搬回屋内。

将家中贵重物品搬离当风的窗户，不要在窗户附近站立。

检查电路、炉火、煤气等设施是否安全，切断户外电源。

储备适量的食物、水、药品和移动电源等应急物品。

不要在临时搭建物、广告牌、大树等附近避雨，以防被砸伤。

将车辆停放到安全的地方。

▷▷▷ 暴雨

暴雨是指短时间内产生较强降雨（24小时降水量≥50毫米）的天气现象。大雨、暴雨或持续降雨使低洼地区淹没、渍水的现象称为洪涝。暴雨能够造成江河泛滥，还会引发山洪、滑坡、泥石流等地质灾害，不仅危害农作物，还能冲毁农舍和工农业设施、道路等，甚至造成人畜伤亡和严重经济损失。

暴雨天的行人

应急避险小贴士

及时通过官方渠道，了解气象部门发布的最新暴雨预报、预警信息。

尽量减少外出，当积水漫入室内时，立即切断电源，防止积水带电伤人。

在积水漫过的路面行走，要注意观察，使用雨伞等探路，防止跌入地坑、窨井。

远离河流和池塘等，避免因水位暴涨发生危险。

行车遇到路面积水过深时，应尽量绕行，不可贸然闯过。

汽车在积水中熄火，不可再次点火，应逃离被困车辆到高处等待救援。

▷▷▶ 暴雪

暴雪是指24小时降雪量（融化成水）超过10毫米的降雪。大多数情况下雪是无害的，只有在一定条件下才能致灾，常见的雪灾主要有积雪、吹雪、雪暴和雪崩等。

应急避险小贴士

及时关注气象部门的最新预报、预警信息，做好防寒保暖准备。

暴风雪突袭时，尽量待在室内，不要外出。

如果在室外，要远离临时搭建物、老树和广告牌等，避免被砸伤。

驾驶汽车时要降低车速，与前车保持距离，车辆拐弯要提前减速，避免踩急刹车，必要时安装轮胎防滑链，驾驶期间应佩戴墨镜，服从交通疏导安排。

暴雪过后，应积极配合相关部门做好积雪清除。

▷▷▶ 寒潮

寒潮是指极地或高纬度地区的强冷空气大规模地向中、低纬度侵袭，造成大范围急剧降温和偏北大风的天气过程，有时还会伴有雨、雪和冰冻灾害。寒潮是一种大型天气过程，往往对农业、牧业、交通、电力甚至人体健康都有较大影响。

寒潮过境

应急避险小贴士

气温骤降时要及时添衣保暖，特别是手和脸的保暖。

及时加固容易受大风影响的室外物品和临时搭建物。

采用煤炉取暖的家庭要注意保持房间通风，防止一氧化碳中毒。

老弱病人，特别是心血管疾病、哮喘病人等对气温变化敏感的人群尽量不要外出。

出行要避免走冰雪覆盖的道路，当心路滑摔倒。

开车要注意路面积雪、积冰，降低车速，避免急转弯和急刹车。

▷▷▶ 大风

当瞬时风速≥17.2米/秒，即风力达到8级及以上时，就称作大风。台风、冷空气影响和强对流天气发生时均可出现大风。8级以上的大风

大风下的行人

对航运、高空作业等威胁很大。大风可以掀翻船只、拔起大树、吹落果实、折断电线杆、毁坏房屋和车辆，还能引起沿海的风暴潮，助长火灾等。

应急避险小贴士

室外人员应到安全场所避风，远离临时搭建物、大树和广告牌等。

室内人员要关好门窗，远离窗口，避免强风席卷沙石击破玻璃伤人。

妥善安置易受大风影响的室外物品，如花盆、棚架等。

车辆应减速慢行，条件允许时就近驶入隐蔽处。

不要将车辆停在大树下方，以免受损。

及时加固农业生产设施，成熟的作物尽快抢收。

▷▷▷ 沙尘暴

沙尘天气是风将地面尘土、沙粒卷入空中，使空气混浊的天气现象的统称。如果使得水平能见度小于1千米，就达到了沙尘暴的标准。沙尘天气是影响我国北方地区的主要灾害性天气之一，可造成水平能见度低、强风、土壤风蚀和大气污染等，给经济发展和人民生命财产安全带来严重损失和极大危害。

应急避险小贴士

如果在室内，应及时关闭门窗，必要时可用胶条对门窗进行密封，妥善安置易受沙尘暴损坏的室外物品。

如果在室外，应远离树木和广告牌等，尽快到安全场所躲避。

老人、儿童、呼吸道疾病患者和对风沙敏感的人员不要到室外活动。

需外出的人员，穿戴好防尘的衣服、手套、面罩、眼镜等物品，以免沙尘侵害眼睛和呼吸道。

驾驶机动车时，应减速慢行，密切注意路况，谨慎驾驶。

▷▷▶ **高温**

高温是指日最高气温达到或超过35℃的天气。高温热浪是指高温持续时间较长，引起人、动物以及植物不能适应环境的一种气象灾害。高温热浪使人体感觉不适，工作效率低，中暑、肠道疾病和心脑血管疾病等的发病率增多。因用于防暑降温的水电需求量猛增，造成水电供应紧张。

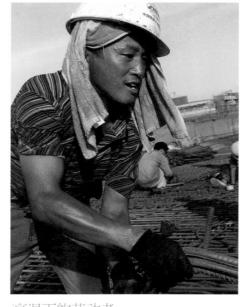

高温下的劳动者

高温加剧土壤水分蒸发和作物蒸腾作用，高温少雨同时出现时，会造成土壤失墒严重，加速旱情的发展，给农业生产造成较大影响。持续高温少雨还易引发火灾。

应急避险小贴士

尽量减少户外活动，尤其是10—16时不要在烈日下运动。

外出时采取必要防护措施，如打遮阳伞、穿浅色衣服，带上充足的水和防暑药品。

适当增加午休，保证睡眠时间。

浑身大汗时不要冲冷水澡。

适量饮用淡盐开水、凉茶、绿豆汤等，不可贪食冷饮，宜清淡饮食，不宜吃剩菜剩饭。

选择易吸汗、宽松、透气的衣服，要注意勤洗勤换。

中暑的紧急处理

迅速将中暑者带离高温环境，转移至通风阴凉处，如走廊、树荫下等。使中暑者平卧，解松衣服，保持身体周围通风。用湿毛巾冷敷中暑者头部、腋下以及腹股沟等处，用扇子或风扇吹风，加速散热。中暑者还有意识时可饮用淡盐水、绿豆汤，或服用藿香正气水、十滴水等解暑。中暑者出现高烧、昏迷抽搐症状时，应使其侧卧，头向后仰，保持呼吸道通畅，同时立即拨打电话"120"，寻求紧急救助。

干旱是指长期无雨或少雨导致土壤和空气干燥的现象。从科学的角度看，干旱和干旱灾害是两个不同的概念。干旱灾害是指在较长的时期内，因降水量严重不足，致使土壤因蒸发而水分亏损，河川流量减少，使作物生长和人类活动受到较大危害的现象。

干旱

应急避险小贴士

在广大农村，可以修建山间小水库、塘坝、水窖等蓄水，种植耐旱品种，采取滴灌、喷灌等节水灌溉方式。

在旱灾发生时，各级政府及相关职能部门应启动应急预案，有效部署和落实抗旱工作。例如，密切关注气象条件变化，抓住时机积极组织人工增雨。

▷▷▷ 雷电

雷电是在雷暴天气条件下发生的伴有闪电和雷鸣的一种放电现象。雷电产生于对流发展旺盛的积雨云中，常伴有强烈的阵风和暴雨，有时还伴有冰雹或龙卷。雷电造成的灾害包括严重危及

雷电

飞机飞行安全、干扰无线电通信、击毁建筑物和各种设备、引发火灾以及直接击死击伤人畜等。

应急避险小贴士

在室外遇到雷电天气，要远离大树等高耸孤立的物体。

不要使用金属工具，如金属立柱的雨伞、金属农具等。

迅速转移到安全地点躲避，如坚固的混凝土建筑、汽车内等。

如果附近没有安全地点，躲在距离周围高大物体（如电线杆等）4米外的位置，保持蹲低的姿势并且身上不要有突出的物体。

如果在室内，关闭且远离门窗，避免触摸金属管道、建筑物外墙和电气设备。

▷▷▷ 冰雹

冰雹在春、夏、秋三季均可能发生。冰雹直径一般为5～50毫米，最大的可达10厘米以上。一般情况下，冰雹的直径越大，破坏力就越大。冰雹能够砸坏农作物和果蔬林木，威胁人畜安全，对交通运输、房屋建筑、工业、通信、电力也有不同程度的危害。

冰雹

应急避险小贴士

尽量不要外出，收好易受冰雹影响的室外物品，关好门窗。

将车辆停在室内车库。

如果在室外，迅速用衣服、包等随身物品遮挡保护好头部，尽快寻找楼房等安全场所躲避。

将家禽、牲畜等赶到带有顶棚的安全场所。

驾车遇到冰雹，要减速慢行，保持安全车距；如果在高速公路上，必要时就近驶入服务区或驶出高速公路停车等待。

▷▷▷ 霜冻

霜冻是植物生长季节里因气温降到0℃以下，而使其受害的一种农业气象灾害，多出现在春秋转换季节。出现霜冻时，往往伴有霜，也可不伴有霜，不伴有霜的霜冻被称为"黑霜"或"杀霜"。由温暖季节向寒冷季节过渡时期发生的第一次霜冻，叫初霜冻；由寒冷季节向温暖季节过渡时期发生的最后一次霜

霜冻

冻，叫终霜冻。霜冻可以危害粮食作物和经济作物，严重时可使作物减产率达30%，甚至绝收。

应急避险小贴士

　　烟熏法：霜冻发生前，在农田上风的一侧点燃柴草、化学药剂等燃料，生烟发热，提高近地层气温。

　　覆盖法：在农作物上方覆盖草帘、薄膜等，阻止地面辐射降温。

　　灌溉法：霜冻来临前进行灌溉，使土壤和近地层气温下降缓慢。

　　施肥法：施有机肥，吸热保暖；入冬后，用石灰水将树木、果树的树干刷白，减少散热。

▷▷▷ 大雾

　　雾使能见度降低，对交通影响比较大，特别是对高速公路车辆行驶和机场飞机起降的影响最大。雾天的空气污染比平时要严重得多，如果在雾天锻炼身体，会吸入很多污染物，对人体造成伤害。

大雾

应急避险小贴士

提前关注大雾预警信息，根据机场、高速公路、轮渡等的封闭情况合理安排出行。

大雾天气尽量不要外出，关好门窗，必须外出时，戴上口罩。

不要进行室外活动和露天集会，暂停晨练，避免在大雾中长时间停留。

尽量不要开车外出，必须开车时打开前后雾灯，控制车速，及时除去挡风玻璃上的雾水。

在雾中停车时，要紧靠路边，打开雾灯，人不要坐在车里。

▷▷▶ 霾

霾使能见度降低，易造成航班延误、取消，高速公路关闭，海、陆、空交通受阻，事故多发。霾还会对人的身心健康造成影响和危害，如引起鼻炎、急性上呼吸道感染、肺炎、哮喘等多种疾病。阴沉的霾天还容易使人精神懒散，产生悲观失落情绪。

霾

应急避险小贴士

居室应关闭门窗，使用空气净化器改善室内空气质量，等到霾散之时再开窗换气。

尽可能减少出门，取消晨练等户外活动，出门时最好戴上N95、KN90等型号的专业防护口罩。

外出归来，应立即洗手、洗脸、漱口、清理鼻腔及清洗裸露的肌肤。

饮食上宜选择易消化且富含维生素A、β−胡萝卜素的食物，多吃新鲜蔬菜水果，多饮水，少吃刺激性食物。

▷▷▶ **道路结冰**

道路结冰是指降水（如雨、雪、冻雨或雾滴）碰到温度低于0℃的地面而出现的积雪或结冰现象，通常包括冻结的残雪、凸凹的冰辙、雪融水或其他原因的道路积水在寒冷季节形成的坚硬冰层。出现道路结冰时，车轮与路面摩擦作用大大减弱，容易打滑刹不住车，造成交通事故；行人也容易滑倒、摔伤，甚至出现骨折。

应急避险小贴士

出行时要做好保暖措施，最好穿防滑鞋，注意远离和避让机动车与非机动车辆。

尽量避免骑行，骑车也不要骑得太快和猛捏车闸。

儿童不要在结冰的操场和空地上玩耍。

老年人和体弱人员尽量减少外出，以免摔倒发生危险。

司机、行人要服从交通指挥疏导，注意路况，慢速驾驶，不要猛刹车或急转弯，必要时安装轮胎防滑链。

二、警惕气象原因引发的次生灾害

台风、暴雨、寒潮、暴雪、大风、沙尘暴、高温、干旱、雷电、冰雹、霜冻和大雾等气象灾害，是由气象条件直接引发的，称为原生灾害。而广义的气象灾害还包括由于气象原因间接引发的其他自然灾害，称为次生灾害。次生灾害主要包括强降水引发的江河洪水、山洪、城市内涝，泥石流、滑坡、崩塌等地质灾害，风暴潮、海浪等海洋灾害，以及森林（草原）火灾、空气污染、农林病虫害等。

▷▷▷ 山洪

山洪是指由于暴雨、冰雪融化或拦洪设施溃决等原因，在山区溪沟中发生的暴涨洪水。而由山洪所引起的地质灾害，包括泥石流、

山洪

山体滑坡、山体崩塌等称为山洪地质灾害。它具有来势迅猛、破坏性强、危害严重等特点。

夏季，我国很多地方进入主汛期，此时也是山洪地质灾害的多发期，因此，应当随时关注气象和水利部门发布的预报、预警信息，提前防范。

应急避险小贴士

如果遇到洪水，在低洼地势、危旧房屋居住的人员应及时转移到安全地点。在家门口放置沙袋、挡水板，或用垃圾袋制作简易水袋并排放置阻挡洪水。尽快在水深涨到膝盖前完成撤离，人在漫过膝盖的洪水中行走会非常困难。如果已被洪水包围，千万不要游泳逃生，设法尽快与当地政府防汛部门取得联系，积极寻求救援。如果被卷进洪水里，尽可能抓住固定的或者漂浮的物体，寻找机会逃生。

▷▷▶ **滑坡**

　　滑坡是指土体、岩体或斜坡上的物质在重力作用下沿滑动面发生整体滑动的现象。暴雨、长时间连续降雨是产生滑坡的最主要自然原因。

　　发生滑坡前通常会有一些前兆。例如山坡上出现裂缝或塌陷，坡脚处土地向上隆起，地下水沿挤压裂隙溢出，泉水和溪水变得浑浊，树木歪斜，动物惊恐不宁等。

应急避险小贴士

　　行人和车辆不要进入有警示标志的滑坡危险区，一旦发现滑坡前兆，立即撤离到安全地带，并及时向有关部门报告。如果不慎遭遇滑坡，保持冷静，要用最快的速度向山坡两侧稳定地区逃离，向滑坡体上方或下方跑都是危险的。无法跑离时，找一块坡度较缓的开阔地停留，或抱住身边的大树等固定物体。

▷▷▶ **泥石流**

　　泥石流是山区沟谷中，由暴雨、冰雪融化等激发的含有大量泥沙石块的特殊洪流。

　　发生泥石流前通常会有如下前兆：连续降雨时间较长，并在沟谷

泥石流

中形成洪水。河水突然断流或突然增大、变浑浊并夹杂着浮木。沟谷深处变昏暗并伴随轰隆隆的巨响，或能感受到地表的轻微振动。

应急避险小贴士

强降雨来临时，不要前往山区，也不要在山谷逗留。如果发现泥石流前兆，在溪沟上游的人要迅速设法通知下游地区的人及时避险。如果不慎遭遇泥石流，要迅速转移到安全的高地，不要在低洼处或山坡下躲避。千万不要顺着溪沟方向往上游或下游跑，要向与山洪泥石流方向垂直的两侧山坡上面跑。

▷▷▶ 崩塌

崩塌是较陡斜坡上的岩土体在重力作用下突然脱落母体崩落、滚动，堆积在坡脚或沟谷的地质现象。引起崩塌的自然因素有地震、强降水、河流冲刷和雨水浸泡等。

发生崩塌前通常会有前兆。例如陡山有岩石掉块和小崩小塌不时发生，陡山根部出现新的痕迹，不时听到撕裂摩擦声等。

应急避险小贴士

如不慎遭遇崩塌又位于崩塌体的底部时，应该迅速向崩塌两侧逃生，如果位于崩塌体的顶部，应该迅速向崩塌体的后方或两侧逃生。

山洪地质灾害等次生灾害固然可怕，但只要我们掌握必要的防范知识，便可以在灾害来临前或来袭时有效避难。

三、轻松看懂气象灾害预警信息

气象预警，即气象灾害预警信号，是指各级气象主管机构所属的气象台站向社会公众发布的预警信息。准确及时的气象预警就像一剂强力的预防针，它使得政府、有关部门和公众在面对气象灾害时能够提前防御、积极应对，对于防灾减灾救灾有着重要的指导意义。

为了规范气象灾害预警信号发布与传播，防御和减轻气象灾害，保护国家和人民生命财产安全，依据《中华人民共和国气象法》《国家突发公共事件总体应急预案》，中国气象局于2007年6月11日发布《气象灾害预警信号发布与传播办法》。

气象灾害预警信号由名称、图标、标准和防御指南组成，分为台风、暴雨、暴雪、寒潮、大风、沙尘暴、高温、干旱、雷电、冰雹、霜冻、大雾、霾、道路结冰等。每种灾害的预警等级都有具体的判定标准和相应的防御措施。

预警信号的级别依据气象灾害可能造成的危害程度、紧急程度和发展态势一般划分为四级：Ⅳ级（一般）、Ⅱ级（较重）、Ⅲ级（严重）、Ⅰ级（特别严重），依次用蓝色、黄色、橙色和红色表示，同时以中英文标识。

Ⅳ级（蓝色）： 预计将要发生一般以上的突发气象灾害事件，事件即将临近，事态可能会扩大。

Ⅲ级（黄色）： 预计将要发生较大以上的突发气象灾害事件，事件已经临近，事态有扩大的趋势。

II级（橙色）： 预计将要发生重大以上的突发气象灾害事件，事件即将发生，事态正在逐步扩大。

I级（红色）： 预计将要发生特别重大以上的突发气象灾害事件，事件会随时发生，事态正在不断蔓延。

防御气象灾害，密切关注天气预警信息非常重要，只有及时了解灾害动态，才能及时采取应对措施，最大限度地保证生命财产安全。那么日常生活中获取天气预警信息的渠道有哪些呢？

★ 通过广播、大喇叭、电视、手机短信等形式获取气象预警信息。

★ 通过气象部门官方网站和新媒体渠道查询，例如：

国家突发事件预警信息发布网：http://www.12379.cn/

中国气象网：http://www.cma.gov.cn/

中国天气网：http://www.weather.com.cn/

各地气象局的官方微博、微信公众号

★ 通过天气预报手机APP查询。

★ 拨打气象信息查询电话：12121。

★ 查看预警信号警示装置，如电子显示屏、警示牌、警示旗、警示灯等。

当通过各种媒体获得预警信息后就一定要引起注意。如果是看到黄色以上预警信号后更要高度警惕，做好各种避险准备；尤其是当看到橙色和红色预警信号时，建议最好待在家中；如果是危房应该迅速离开，转移到安全地带暂避，或等待救援。户外活动特别是水上或者高空作业要停止。

四、"坏"天气也有好的一面

人类社会发展史是一部同自然灾害，包括气象灾害，作斗争的历史。另一方面，人们也逐渐地认识到灾害的两重性，既有其有害于人类的一面，也有其有利于人类的一面。自然规律就是这样，为此，人们应学会趋利避害，使人类社会不断向前发展。

▷▷▶ 台风的益处

★ 台风带来大量降水，给环境提供了丰富的水资源。

★ 台风可以促进能量流动，促使地球保持热量平衡。如果地球热量失衡，那么热的地区将会越来越热，冷的地区会越来越冷。

★ 台风可以把江河湖海里的营养物质翻卷上来。台风过后，鱼群游到水面"就餐"，此时捕鱼，产量将大幅提高。

▷▷▶ 暴雨的益处

★ 暴雨可以有效缓解旱情。

★ 暴雨可以改善环境，一些被污染的河流的水质会因为暴雨冲刷而暂时改善。

▷▷▶ 雪的益处

★ 适当的降雪可以为土壤保温。

★ 雪水中蕴含很多氮化物，可以为土壤添肥。

★ 雪的融化需要从土壤里吸收很多热量，可以冻死害虫。

★ 降雪可以减少春旱的发生。

★ 雪花可以有效吸附空气中的颗粒物，净化空气。

▷▷▶ 寒潮的益处

★ 受季风影响，我国冬季是枯水期，有些地方可能会发生旱情。寒潮常会带来大范围的雨雪天气，可以缓解旱情。

★ 寒潮带来的大风是宝贵的绿色动力资源，可以提升风能发电站的发电效率。

★ 寒潮带来的低温可以杀死潜伏在土壤中的害虫和病菌，或抑制它们的滋生，减轻来年的病虫害。

▷▷▶ 风的益处

★ 流动的风可以调节空气的温度和湿度，还能把云和雨送到遥远的地方，完善地球上的水循环。

★ 风能够吹散空气中的污染物，促进空气净化，帮助消除雾和霾。

★ 风能资源分布广泛，绿色清洁，取之不尽。

★ 适度的风可以改善农田环境。风会让空气中的二氧化碳、氧气、热量等进行输送和交换，为农作物生长创造条件。植物的授粉和种子的传播也离不开风的作用。

▷▷▶ 沙尘的益处

★ 沙尘在降落过程中可以通过吸附作用带走一定量的工业烟尘和

汽车尾气中的氮氧化物、二氧化硫等有害物质，从而改善空气质量。

　　★ 沙尘中的碱性阳离子可以中和空气中形成酸雨的酸性物质，使我国北方少受酸雨的危害。

　　★ 沙尘粒子可以充当水汽凝结过程中的凝结核，形成"冰核效应"，起到增加降水的作用。

▷▷▶ 雷电的益处 ▶▶▶

　　★ 雷电发生时，空气分子会发生电离，其中的氮和氧会化合为亚硝酸盐和硝酸盐，溶解在雨水中降落地面，成为天然氮肥。

　　★ 雷电能制造负氧离子，雷雨过后，空气中负氧离子浓度提高，使得空气格外清新，人们感觉心旷神怡。

雷雨后的景色

第五章

聊一聊气象和农业的密切联系

一、为什么说农业生产离不开气象因素

农业生产的对象大多是在露天条件下生长的植物，其生长发育和一切生命活动都离不开温度、水、风、光照和气体成分等大气环境因子。可见，农业是受大气环境条件影响最大的产业部门，而气象条件是影响农业生产诸多因素中最活跃的因素。气象条件良好时可为农业丰收保驾护航，气象条件恶劣，比如灾害性天气出现时，则会造成农业减产甚至绝收。因此，我们必须重视农业生产与气象条件之间不可分割的密切关系。

▷▷▷ 与农业生产息息相关的气象要素

温度

气温与农业生产的关系可以通过以下几种温度指标来表示。

（1）三基点温度

对于作物的每一个生命过程来说，都有三个基点温度，即最适温度、最低温度和最高温度。在最适温度下作物生长发育迅速而良好，在最低和最高温度下作物停止生长发育，但仍能维持生命。当气温高于最高温度或低于最低温度，作物则会不同程度地受到危害直至死亡。因此，在三基点温度之外，还可以确定最高与最低致死温度指标，统称为五基点温度指标。不同作物、不同生物学过程的三基点温度是不同的。

五种作物的三基点温度（℃）

作物种类	最低温度	最适温度	最高温度
小麦	3~4.5	20~22	30~32
玉米	8~10	30~32	40~44
水稻	10~12	30~32	36~38
豌豆	1~2	30	35
大麦	5	28.9	37.8

（2）农业界限温度

具有普遍意义的、标志着某些重要物候现象或农事活动的开始、终止或转折的温度叫农业界限温度，简称界限温度。

农业上常用的界限温度（用日平均气温表示）有：0℃、5℃、10℃、15℃和20℃。

0℃：土壤冻结和解冻；农事活动开始或终止。冬小麦秋季停止生长和春季开始生长（有时采用3℃），冷季牧草开始生长。0℃以上持续日数为农耕期。

5℃：早春作物播种，喜凉作物开始或停止生长，多数树木开始萌动，冷季牧草积极生长。5℃以上持续日数称生长期或生长季。

10℃：春季喜温作物开始播种与生长，喜凉作物开始迅速生长。常称10℃以上的持续日数为喜温作物的生长期。

15℃：喜温作物积极生长，春季棉花、花生等进入播种期，可开始采摘茶叶，水稻停止灌浆，热带作物将停止生长。稳定通过15℃的终日为冬小麦适宜播种的日期。

20℃：水稻安全抽穗、开花的指标，热带作物正常生长。

（3）积温

积温是指某一时段内逐日平均气温的累积之和。它是表征作物生产、发育对热量的需求和评价热量资源的一种指标。

农业气象工作中常用的积温有活动积温和有效积温两种。

活动积温：高于生长下限温度的日平均温度为活动温度。例如，某天日平均温度为15℃，某作物生长下限温度为10℃，则当天对该作物的活动温度就是15℃。活动积温是指作物在某时期内活动温度的总和。

有效积温：日平均温度与生长下限温度之差为有效温度。例如，日平均温度为15℃，对于生长下限温度为10℃的作物来说，当天的有效温度为15℃–10℃＝5℃。有效积温是指作物在某时期内有效温度的总和。

七种作物所需大于10℃的活动积温（℃·天）

作物种类	早熟型	中熟型	晚熟型
水稻	2300～2600	2800～3500	3500～4100
棉花	2600～2900	3400～3600	4000
冬小麦	—	1600～2400	—
玉米	2100～2400	2500～2700	>3000
高粱	2200～2400	2500～2700	>2800
大豆	—	2500	>2900
马铃薯	1000	1400	1800

水

水在农业生产中具有特殊的地位。一方面，水是植物的重要组成部分，一般植物体内都含有60％～80％的水分，有的可达90％以上；另一方面，水又是植物生命活动的必要条件，植物依靠水制造有机物质、输送养分，植物将所吸收水分的99％用于蒸腾作用，以维持其正常体温。可以说，水是植物的生命之源。

作物的一生由种子发芽出苗，开花结实，直到成熟，所消耗的全部水分为作物需水量。作物对水需求量的一般规律是"少—多—少"：一般栽培作物从播种至拔节期，是营养生长阶段，植株较小，需水量较少；拔节至开花期，是营养生长与生殖生长并进阶段，植株体积和重量都迅速增加，需水量也急剧增多，是作物需水关键期，也是对水分最敏感的时期，水分的多寡对作物会产生很大影响；开花之后，作物体积不再增大，有机体逐渐衰老，需水量逐渐减少。

种子发芽

日照

绿色植物体内的叶绿素利用阳光进行光合作用，把从根部吸收的水和从空气中吸收的二氧化碳转化成碳水化合物和氧气，而碳水化合物以及氧气是动物（包括人类）维系生命的必需物质。碳水化合物被人类、动物和其他生物所消耗，同时释放热量，在这个过程中又源源不断地补充了空气中被消耗的二氧化碳，如此往复循环。由此可见，光合产物所蓄积的化学能，不仅对绿色植物本身，而且对不具备光合能力的其他生物的生活，也是不可缺少的能源。

风

风是一些植物传粉的媒介，它们被称为风媒植物。一般来说，风媒植物的花不鲜艳，但花数目很多，花粉小且数量极大，极易被风吹动而传送出去。还有些植物借助风力去传播种子和果实。为适应这个条件，这些种子、果实或者轻如鸿毛或者生有冠毛、翼翅。如松树就是靠风力作用，将种子传到远方，不断扩大繁殖区域的。这对森林采伐更新，荒山荒地造林具有现实意义。

风可以促进植物叶片的蒸腾作用，以调节植物的体温，保障其正常的新陈代谢功能。

绿色植物在阳光下进行光合作用需要不断消耗周围空气中的二氧化碳。因此，风还可以改善作物群体二氧化碳的供应状况，起到增加产量的作用。

农民劳作

▷▷▷ 气候变化如何影响农业? ▶▶▶

联合国政府间气候变化专门委员会（IPCC）的第六次评估报告《气候变化2021：自然科学基础》指出，自工业革命以来，人类活动的影响已经使全球气候系统变暖。气候变化也正从方方面面影

气候变化加剧农业干旱

响着人类的生产生活，而农业首当其冲，成为受气候变化影响最大的行业之一。尽管在某些地区、某个时段气候变化可以给农业带来有利因素，但从长远来看，气候变化对农业的威胁极大，直接关系到人类的命运。

气候变化将改变农业生产结构和区域布局。例如，气候变暖使两极和高山高原的冰雪加速融化，加上海水的热膨胀，使海平面不断上升，将严重威胁人口密集和农业高产的沿海平原地区。

气候变化破坏农业生产能力。气候变暖使极端天气气候事件的频率和强度都在增大，如低纬度地区的高温热害和季节性干旱将更加严重，使作物生产潜力大幅下降。

气候变化影响农作物的品质和种质。气候变暖为病虫和病原体安

全越冬提供了温床，这将增加农业病虫害的发生频率，加重病虫害的危害程度。

气候变化增加农业生产成本。气候变化对农业生产的影响具有很大的不确定性，为适应环境条件的变化而进行的技术研发和设施投入等，也需要额外付出更多的成本。

二、如何应对常见的农业气象灾害

农业生产与气象条件之间有着不可分割的关系，目前我国农业生产尚未摆脱"靠天吃饭"局面。而我国气候类型多种多样，受到季风和复杂地形环境的影响，每年都有干旱、涝渍、高温热害、低温冷冻害等不同类型的农业气象灾害发生。在全球气候变暖的背景下，极端天气气候事件和农业病虫害增多增强，给农业生产带来严重影响，提高防御农业气象灾害的能力显得愈发重要。

▷▷▶ 农业干旱

农业干旱指由于长时间降水偏少、空气干燥、土壤缺水，造成作物体内水分失去平衡而发生水分亏缺，影响作物正常生长发育，进而导致减产甚至绝收的一种农业气象灾害。

农业干旱与气象干旱之间既有联系又有区别。通常农业干旱首先是由降水异常偏少，即气象干旱引起的，但如果发生气象干旱时土壤不缺水或其出现在作物水分需求较少的季节，并未影响作物正常生长发育，则并不会发生农业干旱。气象干旱通常主要以降水的短缺作为指标，而农业干旱的发生是一个复杂的过程，受气象条件、作物种类、土壤特性、农业措施等因素影响。

农业干旱的影响

农业干旱对农业生产的影响和危害程度与其发生季节、时间长短及作物所处的生育期有关，轻者影响农作物正常生长发育，重者导致农作物死亡，使农作物减产或绝收。

春旱：北方和西南地区易发生，主要影响春播作物播种和苗期生长；华南春旱往往造成耕田缺水，使早稻不能适时播种、插秧，影响其后期的正常生长。

农业干旱主要发生区域与类型

发生区域		占全国比例	类型	主要影响对象
北方	黄淮海	30.0%	春夏旱 夏秋旱 秋冬旱	冬小麦、玉米、大豆、棉花 玉米、大豆、棉花、冬小麦 冬小麦
	东北	24.0%	春夏旱 夏秋旱	玉米、大豆 玉米、大豆
	西北	11.6%	春夏旱 夏秋旱	小麦、玉米 玉米
南方	长江中下游	17.0%	冬春旱 伏秋旱	冬小麦、油菜、一季稻、棉花 水稻、棉花
	西南	12.0%	冬春旱 夏旱	冬小麦、油菜、蚕豆 一季稻、玉米
	华南	5.4%	冬春旱 伏秋旱	早稻、大豆、烤烟、蔬菜 晚稻、甘蔗、果树

注：资料统计时段为1981—2010年

夏伏旱：影响夏种作物的出苗和生长，影响早稻正常灌浆及晚稻的移栽成活。伏旱期间若无水灌溉则会严重影响春播作物产量。

秋旱：主要发生在江南地区，会影响晚稻和其他秋收作物的生长发育和产量形成。秋旱对北方冬小麦播种出苗也十分不利。

冬旱：主要发生在华南地区，影响冬种作物播种、出苗及其生长发育。

农业干旱防御指南

（1）据干旱规律安排农业布局，在伏旱常发区调整播种日期，使作物对水分的敏感期躲过伏旱，以减轻旱灾。

（2）合理灌溉。采用喷灌、滴灌、浸润灌溉等节水方法。

（3）平整土地，深耕改土。平整土地是减小径流、控制水土流失、增加土壤蓄水量的有效办法。深耕应在夏季或早秋进行。农谚道："伏里深耕田，赛过水浇园。"伏里深耕能把夏季降雨贮存在土壤里，供下茬作物利用。

（4）减少土壤蒸发和植物蒸腾。主要采取用草、秸秆等覆盖土壤表面，或采用土面增温保墒剂、保墒增湿剂或地膜覆盖等措施减少水分流失。

小麦：足墒播种；播后镇压；培育冬前壮苗，提高抗旱性；合理灌溉，确保拔节水。

玉米：选用抗旱品种；调节播期避灾；通过拔节前蹲苗、生根粉拌种等，提高抗旱能力；秸秆覆盖、中耕等抑制蒸发；合理灌溉，确保抽雄前后用水。

水稻：选用抗旱品种 ；挖掘水源，扩大灌溉；分期播种或适时早播；使用抑制蒸发剂 ；实施节水灌溉，保证关键期水分供应。

其他旱地作物：秋季整地深耕，适时镇压；减少或避免春季耕翻；播前耢地 ；适当加大播量，催芽坐水等。

▷▷▶ **涝渍害**

涝渍害是指由于降水过于集中或持续时间长，导致农田积水或作物根层土壤持续处于过湿状态，作物根系被水长期浸泡缺氧，造成作物生长不良、严重减产或死亡的农业气象灾害。

蔬菜遭受涝渍害

涝渍害主要发生区域

发生区域	主要影响对象	出现时间
长江中下游	冬小麦、油菜、棉花、玉米、大豆	春季、夏季、秋季
西南	玉米、大豆、冬小麦、油菜、薯类	夏季、秋季
华南	春玉米、烤烟、蔬菜	春季
华北、西北东部	棉花、玉米、大豆、高粱、谷子、冬小麦	夏季、秋季
东北	春玉米、春小麦、大豆	春季、夏季、秋季

涝渍害的影响

涝渍害对作物的影响与其发生的季节和作物所处的生育期有关，因作物的不同危害也存在差异。水稻、高粱抗涝能力较强，小麦、大豆、玉米处于中等，棉花、薯类、花生等抗涝能力弱。但长时间淹水均会影响作物光合作用，造成根系早衰、叶片早枯等，甚至出现植株倒伏，抗病力减弱，最终影响产量。

涝渍害防御指南

小麦、油菜：雨前、雨后及时清沟排水；增施肥料；耧锄松土、散湿提温；护叶防病，及时喷药。

水稻：种植耐涝品种；雨季前疏通沟渠；雨后尽快排水，缩短受淹时间；水退后增施速效肥料，加强病虫害防治。

棉花：修好田间排水沟，起垄种植；及时清理受害棉株；中耕培土，增施有机肥；退水后遇高温天气，及时喷药防病。

薯类作物：阴雨寡照时，及时"打顶"；雨后排水降渍；及早喷施矮壮素等生长调节剂。

▷▷▷ 华西秋雨

华西秋雨是我国西部地区秋季多雨的一种特殊天气现象。主要出现在四川东部、重庆、渭水流域（甘肃南部和陕西中南部）、汉水流域（陕西南部和湖北中西部）、云南东部、贵州等地。其中尤以四川盆地和川西南山地及贵州的西部和北部最为常见。最早可从8月下旬开始，最晚在11月下旬结束，持续时间长是其最鲜明的特点。

华西秋雨的影响

华西秋雨是出现在秋收作物产量形成期和收获阶段的多雨寡照天

气，其主要特点是雨日多，且以绵绵细雨为主。华西秋雨不利于玉米、红薯、晚稻、棉花等农作物的收获以及小麦的播种和油菜的移栽。它可以造成晚稻抽穗扬花期的冷害，使晚稻空秕率增加；也可使棉花烂桃、裂铃吐絮不畅；还可使已成熟的作物发芽、霉烂，以至减产甚至失收。一般来说，持续连阴雨的天数越长，对农作物的危害越大。

华西秋雨防御指南

（1）要加强农田排水设施的建设，做到沟渠配套，及时排涝降渍，减轻灾害影响。

（2）在秋雨多发的地区适当选择中早熟品种，同时要注意及时收割晾晒成熟的作物，及时采摘棉花，以避开连阴雨天气的危害。注意天气变化，在连阴雨天气结束后再进行播种，避免烂种。

（3）在出现华西秋雨时，要抓住阴雨天气的间隙，及时清沟理墒，排除田间积水，清除杂草，促进作物生长。

玉米：收获后及时剥掉苞叶，防雨淋湿受潮，打结成串挂在通风向阳处晾晒；折断病果穗霉烂顶端，防止穗腐病再新扩展；晒干后将病果穗挑捡出，尽早脱粒，并在日光下晾晒或在土坑上烘干，以防籽粒进一步受病菌感染霉烂。

棉花：早发棉田摘早蕾；及时化学调控，棉苗出现旺长苗头时，是化学调控的最佳时期。

大豆：利用晴好天气抢收，对已收大豆要及时归仓；大豆收获后，豆荚充分晒干再脱粒；严格控制入库水分，长期贮藏水分不能超过 12%；入库后水分偏高的大豆，可采取日晒处理，但要摊凉后才可入仓。

▷▷▶ **雪灾** ▶▶▷

雪灾是指因降雪过多、积雪过厚和雪层维持时间过长造成的灾害。

雪灾主要发生区域与类型

雪灾主要发生在稳定积雪地区和不稳定积雪山区，偶尔出现在瞬时积雪地区。根据雪灾发生的区域及其造成的主要灾情，将雪灾分为牧区雪灾和城市雪灾两种类型。

牧区雪灾又称白灾，是指依靠天然草场放牧的畜牧业地区，由于冬半年降雪量过大、积雪过厚，雪层维持时间长，影响正常放牧活动的一种灾害。我国牧区雪灾主要发生在内蒙古草原、西北和青藏高原的部分地区。

雪灾的影响

雪灾对农业的危害，包括积雪对作物造成的机械损伤，积雪压垮温室、大棚等农业设施，使作物遭受冻害，寡照高湿还会使作物生长不良或诱发作物病害等。

积雪压垮大棚

雪灾对畜牧业的危害，主要是积雪掩盖草场，且超过一定深度，或积雪虽不深，但密度较大，或者雪面覆冰形成冰壳，牲畜难以扒开雪层吃草，造成饥饿而致瘦弱，有时冰壳还易划破羊和马的蹄腕，造成冻伤；雪灾还常常造成牲畜流产，仔畜成活率低，老弱幼畜饥寒交迫，死亡增多。

雪灾严重影响甚至破坏交通、通信、输电线路等生命线工程，对农牧民的生命安全和生活造成威胁。

雪灾防御指南

农区雪灾：建造温室、大棚等农业设施之前，要根据当地历史上发生过的积雪负载设计承压能力；密切关注天气变化，雪灾发生前加固农业设施；雪后及时清扫温室、大棚等顶上的积雪；农田积雪过多时，撒煤灰、耕耙促进融化。

牧区雪灾：建立饲料储备制度；在主要牧业点建立防寒保暖棚圈；在春牧场建立产房和羔室；转场途中建立草料库和水窖，关注天气预报，合理安排活动。

▷▷▷ 低温阴雨

低温阴雨是指在作物生长季出现的连续阴雨日数达3天及以上，并有低温、寡照相伴的天气过程。

低温阴雨主要发生区域

在我国，常见的有南方稻区春季低温阴雨，主要发生在长江中下游地区和华南。

低温阴雨的影响

低温阴雨四季都可能出现，不同季节的低温阴雨对农业造成的影响不同，其中以春、秋两季的低温阴雨对农业生产影响较大。

春季： 低温阴雨出现时，正值早稻育秧、棉花等作物播种，冬小麦和油菜产量形成阶段，低温阴雨会造成水稻烂秧、棉花烂种、冬小麦和油菜等渍害。

秋季： 低温阴雨不仅影响晚稻、一季稻，而且影响玉米、棉花等作物开花授粉，导致玉米吐丝推迟，造成花期不遇，形成空秆，棉花落花落蕾，坐桃率下降。低温阴雨往往与寡照相伴，因长时间缺少光照，植株体光合作用减弱，加之土壤和空气长期潮湿，易造成作物生理机能失调、感染病害，导致作物生长发育不良。

低温阴雨防御指南

春季早稻： 抓住"冷尾暖头、抢晴下种"进行早稻播种，并尽可能采取旱育秧、抛秧等方式育秧，播种后要用地膜、塑膜、草木灰等加以覆盖，有效防御低温危害；对处于秧苗期的早稻要注意做好保温工作，盖好塑料薄膜，并通过增施热性磷、钾肥等措施来提高秧苗抗寒能力，防止烂秧。

春季小麦、油菜： 做好清沟理墒和沟系配套工作，增强排水降渍

低温阴雨影响作物生长

能力，防止湿渍害；适时追肥，适当深耕，促进根系下扎；注意清除田间杂草，搞好化除，及时防治病虫害；同时注意收听天气预报，做好防寒防冻工作。

▷▷▶ 干热风

干热风是一种高温、低湿并伴有一定风力的灾害性天气。小麦干热风是指在小麦扬花灌浆期间出现的一种高温低湿并伴有一定风力的灾害性天气，它可使小麦失去水分平衡，严重影响各种生理功能，使千粒重下降，导致减产。

干热风主要发生区域与类型

干热风在我国的华北、西北和黄淮地区，春末夏初期间可能出现。

干热风一般分为高温低湿和雨后热枯两种类型，均以高温危害为主。

干热风的影响

干热风使植株蒸腾加剧，体内水分平衡失调，叶片光合作用降低，高温使植株体内物质输送受到破坏，还会使原生蛋白质分解。

在北方，干热风主要危害小麦，是北方冬小麦产区的主要农业气象灾害之一。北方小麦在乳熟中、后期遇干热风，将受严重影响，使千粒重减轻，产量下降。

在长江中下游地区，水稻、棉花也会受其危害。长江中下游水稻在抽穗扬花期遇干热风，会使柱头变干、影响授粉，在灌浆成熟期则导致籽粒逼熟；棉花遇干热风会导致蕾铃大量脱落。

干热风防御指南

（1）选育抗干热风的小麦品种，使用化学药剂闷（浸）种，掌握适时播种期，合理灌溉和施肥，培育出壮苗健株，增强抵御干热风危害的能力。

（2）使用化学药剂进行叶面喷洒是小麦生育后期防御干热风的一项有效措施。目前应用较普遍的是石油助长剂、磷酸二氢钾、草木灰水以及氯化钾、过磷酸钙、矮壮素、硼、尿素等化学药剂及微量肥料。

▷▷▶ 低温冷害

低温冷害简称冷害，指农作物在生育期间，遭受低于其生长发育所需的环境温度（大于0℃），使农作物生育期延迟，或使其生殖器官的生理机能受到损害，导致农业减产。

低温冷害防御指南

水稻： 选用适合当地的抗冷的新品种；培育壮秧，提高秧苗素质；适期早播、早插；低温年增施磷钾肥，提高水稻的抗寒能力，促进早熟；掌握生育指标，确定安全齐穗期；重视有机肥的施用，以水增温；推广水稻地膜覆盖。

玉米： 选用适合当地的耐低温高产优质玉米良种；依据当地气温回升情况，适期早播，一般直播温度不低于14℃，地膜覆盖温度不低于12℃，育苗温度不低于10℃；苗期施用磷钾肥能改善玉米生长环境；必要时选用育苗移栽，有条件的地方采用地膜覆盖栽培。

低温冷害主要类型

划分依据	主要类型及特征
发生低温时的天气气候特征	湿冷型：低温、寡照、多雨
	霜冷型：前期低温与早霜结合
低温对作物危害的特点及作物受害的症状	延迟型冷害：长时期低温，引起作物生育期显著延迟，在生长季节内不能正常成熟，导致减产
	障碍型冷害：作物在生殖生长阶段，主要是孕穗期和抽穗开花期，遇到短时间低温，生殖器官的生理机能被破坏，造成空壳减产
	混合型冷害：指延迟型与障碍型冷害在同年度发生
发生的地区和时间	春季低温冷害：南方早稻播种育秧时期（3月中旬至4月上旬）
	秋季低温冷害：双季稻区寒露风，云贵川地区称为八月寒或秋寒
	东北夏季低温冷害：在作物生长期（5—9月），尤其在作物营养生长期和生殖生长期出现的持续时间较长的夏季低温

低温冷害的影响

作物	类型	发育期	影响
水稻	延迟型	秧苗期	受低温危害后，全株叶色转黄，植株下部产生黄叶，部分叶片现白色或黄色至黄白色横条斑，俗称"节节黄"或"节节白"
		2～3叶苗期	易产生烂秧
	障碍型	孕穗期	颖花数降低，幼穗发育受抑制
		开花期	常导致水稻不育，即出现受精障碍；常使开花期延迟，成熟期推迟，造成成熟不良
	混合型	成熟期	延迟型冷害和障碍型冷害在同一年度发生，生育初期遇低温延迟生育和抽穗，孕穗、抽穗、开花又遇低温造成不育，延迟成熟，发生大量空瘪粒
玉米	延迟型	幼苗期	幼苗受伤，幼苗叶尖枯萎甚至受冻死亡
		拔节期	影响生长发育速度
	障碍型	幼穗分化期	不利于穗分化
		开花期	授粉不良
		灌浆成熟期	灌浆速度下降或停止

▷▷▷ 高温热害

  高温热害是高温对动植物生长发育和产量形成所造成的损害，一般是由于高温超过动植物生长发育上限温度造成的，主要包括高温害和果树林木日灼及畜、禽、水产鱼类热害等。

青菜遭受高温热害

高温热害主要发生区域

  我国长江流域，双季早稻的开花灌浆期正值盛夏高温季节，经常出现水稻高温热害，造成水稻结实率下降及稻米品质变差，影响早稻生产。

高温热害的影响

作物	影响
水稻	危害敏感期是水稻的盛花—乳熟期，水稻受害表现为最后三片功能叶早衰发黄，灌浆期缩短，开花灌浆期水稻出现高温逼熟，千粒重下降，秕粒率增加
玉米	孕穗至抽雄期遇热害，雌穗生长受阻，不能形成果穗，导致空秆
	开花期遇高温，散粉受阻，雌穗吐丝不畅，形成大量秃顶、缺粒、缺行
	灌浆期遇高温，影响淀粉酶活性，养分合成受影响、转移减慢、积累减少，成熟延长，千粒重下降
其他	高温还会引起蔬菜落花，使坐果率降低，对黄瓜、茄子、菜豆等生长发育均带来不利影响，马铃薯受害后退化，薯块变小。果树及林木的热害有果树日灼、林木灼伤两种

高温热害防御指南

（1）选用抗热品种。

（2）适期播种，避开高温胁迫的时间，减少损失。

（3）及时灌溉。高温干旱叠加发生时，要及时灌溉，补足土壤水分，降低田间温度。

水稻高温热害防御措施

（1）适期播种，使水稻开花灌浆期避开高温时间，减少损失。

（2）在高温天气采取喷灌等措施降温增湿。喷灌一次以后，田间气温可迅速下降2～5℃，相对湿度增加10%～20%。一般喷灌时间应在11—13时进行为宜。

（3）缺乏喷灌条件但有水源的地方，可以采用日灌夜排措施来降温增湿。灌水时间以午前为宜，田间灌水5厘米左右深度就可以降低田间气温1℃左右，增加相对湿度5%～15%。但日灌夜排措施对于疯长、泥烂或已发病的稻田，是不宜采用的。

（4）根外喷施磷钾肥，可增强稻株对高温的抗性，有减轻高温伤害的效果。

果树日灼防御措施

（1）果树遮阴。在盛夏易发生高温热害的果园，可在果园上部设遮阴棚，给果树遮阴，避免阳光直射暴晒，减轻树体和果实日灼。

（2）适时灌水。在盛夏高温热害来临前适时对果园进行灌溉，以促使果园降温增湿，改善果园小气候。

（3）树体喷水。盛夏果园气温超过30℃时，可在13—15时阳光直射暴晒时，向树体阳面，特别是树冠的西南面，间歇性喷水，降低局部温度，避免果实日灼。同时可在水中添加抑蒸剂，使树叶外表形成一层高分子膜，从而减弱蒸腾作用。

（4）松土覆盖。旱地果园盛夏要多进行果树行间的中耕松土，减少土壤水分蒸发。同时利用秸秆或青草覆盖树盘，提高果园土壤蓄水、保水能力，减轻果园高温危害。

（5）及时夏剪。剪除树冠外部过多的嫩梢，以减少水分蒸腾和营养浪费，从而抑制落果。

（6）检查套袋。当大于35℃的高温热害天气出现时，要加强对套袋果树，尤其是果袋质量差的果树进行检查，适时通气，促进空气流通，缓解日灼危害。

▷▷▷ 寒露风

寒露风是南方晚稻生育期的主要气象灾害之一。每年秋季"寒露"节气前后，是晚稻抽穗扬花的关键时期，如遇低温危害，就会造成空壳、瘪粒，导致减产，通常称为"寒露风"。

寒露风主要发生区域与类型

寒露风主要发生在我国双季稻区，即长江中游部分地区和华南地区。寒露风对晚稻造成的危害，大致可以分为两种类型。

湿冷型： 北方南下的冷空气和逐渐减弱南退的暖湿气流相遇，通常出现低温阴雨天气，其特征是低温、阴雨、少日照。

干冷型：较强冷空气南下，吹偏北风，风力3～5级，空气干燥，天气晴朗，有明显的降温，其特征是低温、干燥、大风、昼夜温差大。

寒露风的影响

晚稻抽穗扬花期遇低温，花粉粒不能正常成熟、正常受精，从而造成空粒；或抽穗速度减慢，抽穗期延长，颖花不能正常开放、散粉、受精，子房延长受阻等，因而造成不育，使空粒显著增加。另外，晚稻在灌浆前期如遇明显低温，也会延缓或停止灌浆过程，造成瘪粒，甚至出现籽粒未满而禾苗已先枯死的现象。

寒露风防御指南

（1）掌握寒露风出现规律和双季晚稻的安全齐穗期（指双季晚稻抽穗开花期间80%以上的年份不会受到寒露风危害的日期），合理搭配品种。

（2）科学利用寒露风预测信息，在寒露风早的年份可多种些早熟品种，甚至适当缩小双季晚稻的种植面积；晚的年份可多种些晚熟品种等。

（3）选育抗低温高产品种。

（4）加强田间管理，合理施肥，增强根系活力和叶片的同化能力，使植株生长健壮，提高植株的抗低温能力。

（5）冷空气来临前，采用以水调温的措施，一般用温度较高的河水进行夜灌、灌深水或喷水；喷洒化学保温剂。

▷▷▷ **霜冻害**

霜冻害是指在生长季节里，因气温降到0℃或0℃以下，致使作物受到冻伤，从而导致减产，品质下降或绝收的农业气象灾害。出现霜冻害时，往往伴有霜，也可不伴有霜，不伴有霜的霜冻被称为"黑霜"。根据发生的季节，霜冻害可分为早霜冻（秋霜冻）和晚霜冻（春霜冻）两种。

霜冻害的影响

当温度降到0℃以下时，作物内部细胞与细胞之间的水分就开始结冰，体积膨胀，细胞就会受到压缩，细胞内部的水分被迫向外渗透，细胞失掉过多的水分，它内部原来的胶状物就逐渐凝固起来。特别是在严寒霜冻以后，气温又突然回升，作物渗出来的水分很快变成水汽散失掉，细胞失水，作物便会死去。

霜冻害主要发生区域

主要类型	发生区域	出现时间	主要影响对象
早霜冻	东北	9月中旬至10月上旬	春玉米、大豆、一季稻
	新疆	9月中旬至10月上旬	棉花
	华北、西北中东部	9月中旬至10月上旬	玉米、荞麦、谷子、高粱
晚霜冻	西北、华北、黄淮、江淮和江汉、江南	2月中下旬至5月上中旬	冬小麦、油菜、春玉米、春小麦、棉花、果树、蔬菜

霜冻害主要类型

霜冻害一般分为三种类型。

平流霜冻：由北方强冷空气入侵造成的霜冻，常见于长江以北的早春和晚秋以及华南和西南的冬季，北方群众称之为"风霜"。

辐射霜冻： 在晴朗无风的夜晚，地面因强烈辐射散热而出现低温，群众称之为"晴霜"或"静霜"。

混合霜冻或平流辐射霜冻： 先因北方强冷空气入侵，气温急降，风停后夜间晴朗，辐射散热强烈，气温再度下降，造成霜冻，也是最为常见的一种霜冻。

霜冻害防御指南

喷水法： 在预报有霜冻出现时，于凌晨2—3时往作物或塑料薄膜上喷水 2～3次，隔1小时喷1次。

灌水法： 可在预计有霜冻出现的前一天傍晚进行田间灌水。

熏烟法： 在霜冻来临前1小时点燃能产生大量烟雾的物质，但此法会污染大气，仅适于短时霜冻并在有价值的作物田间使用。

遮盖法： 用稻草、杂草、尼龙薄膜等覆盖作物或地面。

施肥法： 在霜冻来临前3～4天，在作物田间施上厩肥、堆肥和草木灰等。

风障法： 在霜冻来临前，于田间向北面设置防风障，阻挡寒风侵袭。

▷▷▶ **寒害**

寒害主要指热带、亚热带作物在冬季生育期间，因气温降低引起作物生理机能障碍，导致减产甚至死亡的一种农业气象灾害。

寒害主要发生区域

寒害多发生在我国华南地区，该地区冬季常遭受冷空气影响，造成强烈降温，对香蕉、荔枝、龙眼、甘蔗、橡胶等华南热带、亚热带经济作物危害严重。

寒害的影响

寒害轻者导致作物叶片、枝条焦枯，重者导致树干干枯甚至整株死亡，造成减产、绝收。另外，果实受寒害后通常不能正常成熟，受害的组织易溃烂，贮藏时间大为缩短。

寒害防御指南

（1）对龙眼、荔枝、香蕉、火龙果、百香果等果树，可采取以下防御措施：搭拱架后用尼龙薄膜加黑网搭覆盖防寒；树干涂白并用稻草包扎；用山皮泥、火土灰等进行培土覆盖，保护根系；夜间在果园焚烧木屑、谷壳等熏烟，提高果园中气温；降温前对果园进行灌水。

（2）对冬种蔬菜，采取稻草或尼龙薄膜覆盖、施用草木灰等暖性肥料、灌水、喷施叶面肥等措施，提高蔬菜抗寒能力。

（3）覆盖薄膜防寒时，薄膜要高于作物，不要直接接触作物，这样可让棚下暖空气流动，防寒效果才较好。同时配合使用熏烟防寒。

▷▷▶ **倒春寒**

倒春寒是指初春（一般指3月）气温回升较快，而在春季后期（一般指4月或5月）气温偏低，对农业生产造成影响的一种天气现象。

倒春寒指标

发生区域	出现时间	指标	主要影响
西北、华北、黄淮	4—5月	日最低气温≤2℃	冬小麦、棉花、果树、蔬菜遭受冻害
南方	3—5月	日最低气温≤2℃	油菜、蔬菜等遭受冻害
		早稻播种育秧期：日平均气温≤12℃，持续3~5天	早稻烂种、烂秧
		早稻分蘖孕穗期：连续3天日平均气温≤20℃，极端最低气温≤17℃	影响早稻分蘖和幼穗分化

倒春寒的影响

在农业生产上，倒春寒其实仍属春季低温阴雨范畴。因为在出现时间上偏晚，危害性更大，因此，农业上将其区别对待。过了"春分"，尤其是清明节之后，气温明显上升，秧苗进入断乳期，多数果树陆续进入开花授粉期，抗御低温阴雨能力大为减弱，若这时出现倒春寒天气，就面临大面积烂秧、死苗和果树开花坐果率低等现象，其他春种作物生长发育也受到严重影响。

倒春寒防御指南

（1）掌握倒春寒的发生规律，注意收听、收看天气预报，抓住"冷尾暖头"抢时播种。

（2）加强田间管理，改善农田小气候条件。

（3）及早采取防寒措施，如灌溉、覆盖等。

（4）适当喷施一些植物生长调节剂，提高作物抗寒、抗逆能力。

三、气象为农服务能做些什么

沉甸甸的稻穗垂下了头，眼看就要丰收了，可是一场暴风雨来临，稻谷全部伏地，无法收割。这有办法避免吗？县里要引进一个新的农作物品种，可是，这里的气候适宜栽种吗？明年的收成如何？能实现粮食生产的连增吗？给出这些问题的答案，统统都是农业气象服务的范围。

所谓农业气象服务，是指面向"三农"（农业、农村和农民）提供的各种气象服务活动。农业气象服务内容主要包括农业气象情报、农业气象预报、农业气象专题分析和咨询服务三大类。

气象为农助丰收

农业气象情报主要指为农业开展的各类观测和监测分析，譬如土壤墒情、病虫害监测、作物生长发育状况等。农业气象预报包括各类作物和生物的生长发育、产量、灾害等状况的预报，以及针对各种农业专用天气预报。譬如发布全国水稻、小麦、玉米、棉花、大豆、油菜等主要农作物的农业气象产量预报，发布干旱、低温冷害、冻害、热害、干热风等灾害的预报预警等。农业气象专题分析和咨询服务主要是针对当地农业生产过程中的关键问题进行分析、编写，并对不利气象条件或农业气象灾害提出趋利避害防御措施和农业生产建议。譬如发布

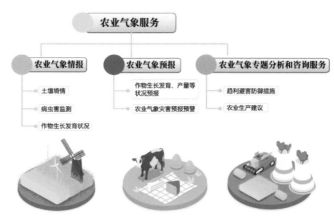

农业气象服务内容

"稻飞虱大发生的农业气象条件分析对策"报告等。

农业气象服务方式有多种，有面对面呈送的，有通过电视、广播、网络、电话、手机等多种方式发送的，还有通过农村气象信息员、网格员、农村大喇叭、电子显示屏等发布的。

随着中国社会经济的发展，农业进入新的发展阶段，农业生产的对象、条件、环境、技术等均发生了重大变化，特别是气候和生态环境的变化，对农业气象服务的内容和服务方式提出了新的要求。未来农业气象服务将向生态环境领域拓展，不断强化科技与信息化水平，面向农业防灾减灾、农业气候资源开发利用、国家粮食安全保障、农业应对气候变化等提供更好的农业气象服务。

农业气象专家指导农民劳作

四、我国主要农事活动及气象灾害和防御措施分月要点

一月份农事要点

一月份农事要点

主要农事活动

东北： 设施农业生产（日光温室大棚蔬果生产、收获）。

西北： 越冬小麦管理。

华北： 越冬小麦管理。

长江中下游： 越冬作物管理，培土，追施腊肥，清沟，镇压等。

西南： 越冬作物管理。

华南： 小麦追肥，种冬植蔗，春植蔗收获。海南早稻播种。

主要气象灾害

1 越冬冻害

2 冷冻害

防御措施

对小麦冻害 镇压，覆盖，集雪。

对油菜冻害 冬灌，培土，施腊肥。

对甘蔗冷害与冻害
①增施农家肥和磷、钾肥。
②对宿根蔗覆土保护。
③降温前采取灌水、熏烟、喷灌等措施。
④冻害轻的地块冻后立即浇水，可缓和其危害；冻害重的要先砍先榨，以减轻损失。

一月份农事要点

二月份农事要点

二月份农事要点

主要农事活动

东北：南部顶凌耙地，耙压保墒，积肥送粪，备耕。

西北：麦田耙压，春播作物备耕。

华北：春播作物备耕。耧麦松土保墒根据墒情、苗情浇返青水。

长江中下游：小麦返青管理，中耕除草，追施返青肥，灌水。

长江以南：做好清沟保墒。油菜中耕松土，追施肥料。春播备耕。

西南：春播作物备耕，耕翻水稻秧田。夏收作物田间管理，中耕松土，麦田追肥，油菜追肥。

华南：春播备耕。南部早稻、春玉米播种，夏收作物后期管理。春大豆播种。种冬植蔗，春植蔗收获。

主要气象灾害

1	2
冬春干旱	冻害

防御措施

对小麦干旱
①镇压、耱麦弥缝。
②喷灌或灌水补墒。
③土壤日化夜冻时,顶凌耙地保墒。
④铺施土杂肥,雨后趁墒追肥。
⑤集雪。

冬小麦冻害补救措施
①存活茎数不足15万株,及时翻耕改种。
②受冻旺苗搂去枯叶,促进新叶生长,适当早浇返青水,早施返青肥。
③受冻晚弱苗应推迟浇返青水,慎施化肥,不要深松土,待恢复生长后逐步进行。
④因地制宜采取补救措施,新疆北部早春融雪时应及时排水,黄土高原注意防治受冷麦苗病害,华北平原要选择冷尾暖头晴好天气进行农事操作,黄淮平原冻害易恢复,不要轻易改种,长江流域麦田受冻应及早追肥浇水。

油菜冻害的补救措施
①早施返青肥。
②遇旱结合追肥浇水。
③中耕松土。

三月份农事要点

主要农事活动

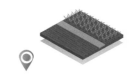

东北： 整地保墒，播前春灌，南部春小麦顶凌播种，冬小麦普遍施肥。

华北： 解冻后及时肥地，冬小麦普遍施肥，浇返青水。

长江中下游： 麦田肥水管理，施拔节肥，浇拔节水，除草，治黏虫。油菜追薹肥，清沟理墒，封行前中耕培土。棉花营养钵播种，大田备耕，玉米、大豆、花生等播前准备。

西南： 夏收作物追施穗肥，适时灌溉，防治病虫害。南部单季稻、玉米播种。

华南： 早稻继续播种，培育壮秧，大田备耕。玉米间苗，定苗，中耕，培土，追肥。大豆播种。种冬植蔗，春植蔗收获，处理宿根，秋植蔗中耕追肥。

主要气象灾害

1	2	3
春季低温	晚霜冻	春旱

防御措施

对小麦晚霜冻
①返青期镇压、中耕、多施磷钾肥。
②霜冻来临前灌溉，发生霜冻时喷雾。
③霜冻后加强管理，镇压，适时追施速效肥料和浇水。

抗旱播种
①抢墒：顶凌播种，抢墒早播，浸种催芽，趁雨抢种等。
②提墒：镇压，耙耱，踩种，深开沟浅复土等。
③造墒：开沟洇地，浸种，粪肥加水，坐水点种等。
④玉米坑种，水稻旱种等。

对早稻春季低温
①选择冷空气不易侵入的背风向阳环境作秧田。
②浸种催芽。
③抓住冷尾暖头，抢晴播种。
④用糠灰、细土、薄膜等覆盖。
⑤用温度较高的河水灌溉，日排夜灌。
⑥做好水管理。

三月份农事要点

四月份农事要点

主要农事活动

东北： 水稻育秧。棉花、玉米、大豆、甜菜播种。春小麦播种。

西北： 冬小麦松土，培土，灌水，施肥。春小麦播种，中耕，水肥管理。玉米整地播种。

华北： 小麦拔节期水肥管理。棉花、玉米、大豆、甜菜播种。棉花营养钵育苗移栽。

长江中下游： 小麦肥水管理，防治病虫害和湿害。早稻和中稻先后播种，防止烂秧，双季早稻插秧。棉花育苗移栽苗床管理，直播棉和地膜棉播种。油菜追施花肥，叶面追肥，江南注意排水。玉米播种，查苗，补苗，定苗。花生、大豆播种。

西南： 水稻、玉米、棉花等抓冷尾暖头，抢晴播种。水稻秧田管理。

华南： 早稻插秧和田间管理，中耕追肥，治虫。中稻播种。玉米、大豆中耕追肥。冬、春植蔗中耕追肥，防治虫害。

主要气象灾害

防御措施

对湿害
①渠系配套，做到尽快排去地里水，渗掉浅层水，降低地下水位，雨过田干。
②在河网地区要使内外河分开，控制好河网水位。
③中耕松土，增强土壤通透性。
④增施肥料，施用有机肥。

对小麦雹灾
①追施肥料，使受灾小麦迅速恢复生育，促进外蘖生长成穗。
②结合追肥及时浇水。
③中耕松土2~3次；分期收获，减轻损失。

5 五月份农事要点

主要农事活动

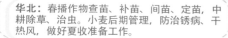

东北： 冬、春小麦管理，及时中耕、除草、松土。大豆、花生、玉米播种，间定苗。水稻插秧和苗期管理。

西北： 冬、春小麦中耕、追肥、除草，防治病虫。玉米间苗、定苗、中耕、除草。

华北： 春播作物查苗、补苗、间苗、定苗，中耕除草、治虫。小麦后期管理，防治锈病、干热风，做好夏收准备工作。

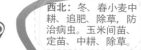

长江中下游： 小麦根外追肥，遇干旱浇好抽穗、灌浆、麦黄等水，防御连阴雨、病虫害和干热风。双季早稻插秧、追肥、耘田；中稻移栽，麦茬中稻育秧，单季晚稻秧田播种。棉花苗期管理，补苗、间苗，定苗，施苗肥，育苗移栽，棉苗栽前管理及整地移栽。油菜收获，留种。花生播种，查苗补苗，中耕除草，追施苗肥。大豆中耕除草，追施花荚肥。玉米中耕除草，施拔节肥和穗肥。

西南： 中稻插秧。玉米定苗、补苗和中耕追肥，晚玉米播种。大豆播种。油菜、小麦收获，夏收作物收、打、晒、藏。

华南： 早稻耘田追穗肥；中稻整地插秧。早玉米收获。冬植蔗、宿根蔗中耕施肥。

◣ 主要气象灾害

干热风

连阴雨

低温冷害

4 干旱

5 雹灾

◣ 防御措施

对水稻干旱
①培育壮秧，旱地育秧和半旱育秧培育的秧苗更耐旱。
②采用"寄秧"和插"跑马秧"等方法，等水和节水插秧。
③满足活棵水，中耕除草。
④采用抑制水分蒸腾剂等技术。

对水稻"五月低温"
①以水调温。低温阶段灌浅水保温，低温波动阶段勤灌浅灌，雨停后和中午气温较高时露田通气升温后晒田。
②增施速效性肥料，特别是磷肥。

对小麦干热风
①灌好抽穗灌浆水，根据具体情况浇麦黄水。
②叶面喷肥1~2次。采用草木灰、磷酸二氢钾、石油助长剂、硼砂等叶面喷液，喷清水亦有一定效果。

五月份农事要点

六月份农事要点

主要农事活动

东北：冬、春小麦后期管理，准备收获。玉米、大豆中耕铲耥。水稻中耕除草，棉花整枝，中耕，除草，施肥。

西北：冬、春小麦后期管理，防治病虫，开始收获。春玉米浇水，中耕，除草，追肥。

华北：小麦收获，抢晴打麦，晒麦。春玉米中耕、施肥，夏玉米播种。棉花整枝，浇水，施肥，治蚜虫。水稻插秧。

长江中下游：小麦成熟收获。麦茬稻插秧；早稻田时干时湿，施拔节孕穗肥；双季晚稻播种。棉花进行蕾期管理，去叶枝，中耕除草，培土，喷生长调节剂，遇旱灌溉。沿江麦田清沟排水；麦茬棉播种。花生中耕除草，培土，灌水，摘心。夏大豆播种。春玉米去雄，中耕，追施粒肥，防治玉米螟。

西南：继续收获夏熟作物，中稻移栽，抢种大春作物。玉米、大豆等旱作物及时中耕、灌水，施肥。

华南：早稻后期管理，中稻中耕，追肥；晚稻播种。早玉米收获。早大豆收获；中大豆中耕造肥；晚大豆播种。春、冬植蔗中耕，追肥培土。

六月份农事要点

主要气象灾害

1	2	3	4
干热风	连阴雨	高温热害	伏旱

5	6	7
洪涝	台风	雹灾

防御措施

对小麦后期灾害　浇麦黄水；灌水时要注意天气，防止倒伏，倒伏后不宜扶捆，喷乙烯有利催熟作用。根据天气预报，抢晴收获，遇连阴雨，可提早到蜡熟初期收获，比受连阴雨危害的损失要小。

对水稻高温热害　白天加深水层，日灌夜排；喷灌喷洒化学药剂，如硫酸锌、磷酸二氢钾、过磷酸钙；遇高温时，在傍晚栽秧。

玉米雹灾的补救　冰雹停止后立即扶苗护苗；及早追施速效氮肥；如墒情差，应浇水；进行1～2次锄地、培土。

棉花雹灾的补救　幼苗期受灾，可移栽补苗；进行多次中耕松土；追施速效氮肥；如墒情差，进行适量灌溉；整枝。

六月份农事要点

七月份农事要点

● 主要农事活动

东北：春小麦收获，南部及时整地、施肥，种下茬。大豆、棉花、玉米中耕、追肥、灌水。水稻中耕、除草、追肥。棉花整枝，防治蚜虫。

华北：棉花中耕除草，整枝，追肥；春玉米中耕，施肥；夏玉米间、定苗；田间管理。水稻中耕，除草，追肥。防治病虫害。

西北：冬小麦收获后整地，玉米灌水，施肥，中耕，除草。

长江中下游：早稻后期管理，施粒肥，收获，脱粒，贮藏；双季稻秧田管理，移栽；单季中稻中耕除草，烤田，施穗肥。单季晚稻施分蘖肥，中耕。棉花打顶，施磷肥，喷生长调节剂，防治病虫，夏播棉花蕾期管理。花生中耕除草，压蔓，摘心。春大豆后期管理，开始收获；夏大豆中耕，除草，灌水，施肥。春玉米后期管理，夏玉米苗期管理。

西南：水稻中耕，除草，追肥。小、晚玉米中耕，除草，追肥，培土，防治病虫害。

华南：早稻收获，中稻追肥；晚稻插秧，稻田防治螟虫。晚玉米播种间、定苗，早玉米收获。大豆中耕、施肥。春、冬植蔗、宿根蔗中耕、追肥，培土，防治蚜虫。

▮ 主要气象灾害

 伏旱

 高温热害

 洪涝

 台风

 雹灾

▮ 防御措施

对长江流域伏旱
科学管水，扩大有效灌溉面积；结合施肥，抗旱灌溉因地制宜，改种晚秋作物，夏播作物抢墒播种；部分水稻旱种；根外喷液；伏旱年份虫害明显重于病害，要抓紧防治。

对水稻涝害
如接近成熟，应在灾前抢收；排水，洗苗，扶苗，补苗；中稻孕穗期受涝可蓄留再生稻；追施速效肥料，以肥补晚；改种补种；涝灾诱发病虫害加重，应抓紧防治。

对棉花涝害
及时排水，做到雨过田干；利用退水洗苗扶苗；根部培土，逐次加高；勤中耕松土；及时补施速效化肥；合理整枝，适当推迟打顶；育期推迟可用乙烯利催熟。

对玉米涝害
建立田间排水渠系；及时中耕，松土，培土；增施速效氮肥；采用去雄、打底叶、喷化学催熟剂等方法促进早熟。

七月份农事要点

八月份农事要点

主要农事活动

八
月
份
农
事
要
点

东北： 玉米、大豆中耕，追肥。水稻除草，后期管理。棉花除草，整枝，防治病虫害。早熟玉米收获。

西北： 冬小麦整地，施肥。玉米中耕，灌水，施肥。

华北： 春玉米、大豆成熟，收获。棉花打顶，打群尖，喷生长抑制剂，防治病虫害，开始采收。夏播作物抓紧田间管理。

长江中下游： 晚稻移栽结束，中耕，施分蘖肥和穗肥；中稻保持浅水层，补施粒肥；单季晚稻中耕，除草，烤田，施穗肥。棉花去无效蕾，打老叶，剪空枝，叶面喷肥。夏大豆追施花荚肥，中耕培土，灌溉。

西南： 水稻中耕，追肥，防治病虫。玉米收获。小麦整地。

华南： 中稻施穗肥，双季晚稻中耕追肥，防治病虫害。晚玉米中耕，培土，追肥。中大豆收获。春、冬植蔗灌水，施肥，治虫；种秋植蔗。

主要气象灾害

 洪涝

 干旱

 台风

 雹灾

八月份农事要点

防御措施

对台风

①水稻灌浆期倒伏，可采取人工扶立、株间支撑方法，但倒伏过重者不宜；成熟期倒伏，要及时排除田间积水，及时收获，防止穗上发芽。

②甘蔗可采取风前捆蔗，风后及时扶蔗的方法，并结合培土，施肥。如倒伏后不能及时扶蔗，蔗茎已弯曲上长，则不宜再扶。

9 九月份农事要点

主要农事活动

东北：收获水稻、玉米、大豆，分批采摘棉花。田间选种留种，南部冬小麦整地播种。

华北：玉米、大豆、水稻等大秋作物成熟收获。冬小麦整地播种。

西北：玉米收获，冬小麦开始播种。

长江中下游：中稻收获；单季晚稻后期管理；双季晚稻中耕，施分蘖肥和穗肥。棉花采摘。冬油菜田准备及播种。玉米、花生、大豆成熟收获。

华南：中稻、晚玉米、晚大豆收获。晚稻追施穗肥。

西南：收割水稻，加强迟栽稻的田间管理。玉米田间管理，促早熟。小麦、油菜播种。

主要气象灾害

| **1** 干旱 | **2** 低温冷害 | **3** 早霜 | **4** 秋雨 |

防御措施

对东北低温冷害

①多锄多耘，疏松土壤，提高地温。
②采用去雄、放秋垄、拔大草、打底叶、剥开苞叶等促早熟措施。
③根外喷磷。
④喷洒增产灵、叶面增温剂、乙烯利等。
⑤采用防风屏障，如防风网，应用于棉花、花生等作物。
⑥将未成熟玉米带根刨下，围晒于场院或避风向阳处，过10～20天再收棒。

小麦抗旱播种措施

①选种，提高种子发芽率和整齐度。
②用氯化钙溶液闷种或浸种等措施，提高抗旱能力。
③及时耕地灭茬，精细整地。
④在秋作物收获前，将麦秸或其他可作有机肥的覆盖物撒于田间。
⑤采用沟播，深开沟，浅覆土。
⑥在有条件情况下，抢墒播种。
⑦采用沟灌洇墒、泼水接墒等方法造墒播种。

九月份农事要点

10 十月份农事要点

主要农事活动

十月份农事要点

东北：水稻、甜菜收获，棉花采摘。秋翻土地。

华北：水稻、花生收获。继续播种小麦。做好秋耕。

西北：冬小麦播种，冬灌。

长江中下游:中稻、单季晚稻、双季晚稻先后成熟，收获。小麦整地播种。棉花采摘。直播油菜播种，移栽油菜培育壮苗和移栽。夏玉米、夏大豆、夏花生成熟收获。

华南:中稻、晚玉米、晚大豆收获，选种，留种。小麦播种。

西南：玉米、大豆、水稻收获。继续播种油菜、小麦。

主要气象灾害

1	**2**	**3**	**4**
干旱	低温冷害	早霜	秋雨

防御措施

对双季晚稻低温冷害
①日排夜灌，以水增温。
②低温来临前，根外追磷肥。
③喷施叶面成膜物质，如叶面增温剂等。

对小麦秋旱
①播后如墒情不足，应立即浇蒙头水。
②三叶期如遇干旱，浇分蘖水。
③播层有坷垃，可在播种后1～2天镇压，小麦3～4叶期压麦时，对弱苗要轻压。
④晚播麦可采取浅锄松土，增温保墒。

十月份农事要点

十一月份农事要点

主要农事活动

东北： 秋翻，耙压土，冬灌，兴修农田水利，积肥。

华北： 冬小麦冬前管理，浇越冬水。秋耕。

西北： 冬小麦冬灌，覆盖，追肥，耙糖镇压。兴修水利，农田基本建设。

长江中下游： 小麦查苗补苗，中耕，施苗肥，灌水，晚麦播种。双季晚稻收获，脱粒。油菜追施苗肥，中耕。

西南： 播种小麦、油菜，对已播的越冬作物进行田间管理。晚玉米收获。秋耕。

华南： 晚稻收获，选种留种，翻耕。继续播种小麦，进行管理。种冬植蔗，秋植蔗收获。

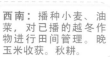

主要气象灾害

1 越冬冻害

2 冷冻害

防御措施

对冬小麦越冬冻害
①在冬前昼消夜冻，日平均气温4～5℃时进行冬灌。
②停止生长时覆粪。
③冬前及时耙糖松土，封冻后糖麦仍有较好效果。
④镇压。

十一月份农事要点

十二月份农事要点

主要农事活动

东北：兴修水利，农田基本建设。

华北：兴修水利，农田基本建设。冬小麦压麦保墒。

西北：兴修水利，农田基本建设，积肥。

长江中下游：麦田追施腊肥，冬灌，镇压，清沟培土。油菜冬灌，中耕培土，施腊肥。

西南：小麦中耕松土，施分蘖肥。油菜间苗，定苗，中耕，追施苗肥。

华南：小麦播种，追肥，中耕。秋植蔗收获，种冬植蔗。

主要气象灾害

1 越冬冻害

2 冷冻害

防御措施

对油菜冻害
①中耕碎土培苗，结合铺腊肥。
②浇施稀粪水稳苗。
③增施磷肥和钾肥。
④摘除冬季可能开花的早薹。
⑤清沟排涝，降低地下水位。

十二月份农事要点

第六章

节气里的气象密码

一、人类非物质文化遗产——二十四节气

"春雨惊春清谷天，夏满芒夏暑相连，秋处露秋寒霜降，冬雪雪冬小大寒。"这首家喻户晓的歌谣描绘的正是我国古代创立的二十四节气。二十四节气是中国古代先民创造的一种根据季节变化指导农事活动的补充历法，是我国劳动人民长期经验的积累和智慧的结晶。二十四节气起源于黄河流域，春秋战国时期，古人根据农忙时节制定出仲春、仲夏、仲秋和仲冬四个节气，以后不断改进完善，到了西汉时代，《淮南子·天文训》中出现了中国最早、最完整的关于二十四节气的记载。

农历季月节气表											
春			夏			秋			冬		
正月	二月	三月	四月	五月	六月	七月	八月	九月	十月	冬月	腊月
立春	惊蛰	清明	立夏	芒种	小暑	立秋	白露	寒露	立冬	大雪	小寒
雨水	春分	谷雨	小满	夏至	大暑	处暑	秋分	霜降	小雪	冬至	大寒

二十四节气的科学依据

地球自转的同时也在围绕太阳进行公转，地球公转的旋转轨道面（黄道面）同自转轨道面（赤道面）是不一致的，保持约23°26′的倾斜，被称为黄赤交角。因为黄赤交角的存在，一年四季太阳光直射到地球的位置是不同的。以北半球为例，太阳直射在北纬23°26′时，天文上称为夏至，直射在南纬23°26′时称为冬至，一年当中太阳两次直射在赤道上就是春分和秋分。

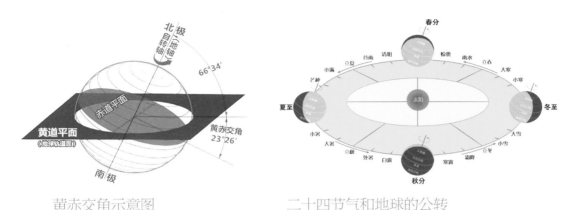

黄赤交角示意图　　　　　　二十四节气和地球的公转

二十四节气就是根据太阳在黄道（假想从地球上来看太阳一年"走"过的路线）上的位置来划分的。依据地球与太阳的运行关系，可以确定地球在公转轨道上运行的二十四个不同的位置：地球绕太阳旋转一周为360°，分成24等份，从春分点（黄经0°）出发，每前进15°（大约半月时间）为一个节气，运行一周共24个节气，然后又回到春分点，为一回归年。

二十四节气的作用

二十四节气充分考虑了一年中季节更替和气候、物候等自然现象的变化规律。例如，反映四季变化的节气有立春、春分、立夏、夏至、立秋、秋分、立冬、冬至八个节气，"四立"表示一年四个季节开始，"二分""二至"从天文角度反映了太阳直射点和太阳高度的变化；反映温度变化和寒热程度的有小暑、大暑、处暑、小寒、大寒五个节气；反映降雨降雪天气时间和强度的有雨水、谷雨、小雪、大雪四个节气；反映水汽凝结、凝华现象的有白露、寒露、霜降三个节气；反映自然物候现象的是惊蛰、清明两个节气，反映作物成熟和收成情况的是小满、芒种两个节气。

此外，二十四节气的形成和发展与我国农业生产紧密相连。民间流传着很多关于二十四节气的谚语，比如"白露早寒露迟，秋分种麦正当时""小满栽秧一两家，芒种插秧满天下"等，可以根据节气有效地指导农业生产。

2016年11月30日，联合国教科文组织（UNESCO）正式通过决议，将中国申报的"二十四节气——中国人通过观察太阳周年运动而形成的时间知识体系及其实践"列入人类非物质文化遗产代表作名录。作为中国人特有的时间知识体系，二十四节气世代相传，深刻地影响着人们的思维方式和行为准则，也是华夏文明注重天人和谐自然哲学观的重要体现。

二、二十四节气与农事

二十四节气是中国古代订立的一种用来指导农事的补充历法，虽然起源于黄河流域，但是由于它很有规律地反映出季节、气候与农事的关系，又便于掌握和指导农事活动，因而逐渐推广到全国各地，并结合不同地域各自的农业生产和气候特点，衍生出适合各地农事活动的二十四节气歌谣或谚语。在日常的农事活动及农业科技项目实施推广中，应结合节气，合理制订工作计划，安排工作日程，才能达到预期的效果。

春花烂漫

立春

立春在每年的2月3日、4日或5日。"立"是见或开始的意思；"春"是蠢动，表示植物开始有生气。

俗话说，"一年之计在于春，一日之计在于晨"。立春之后，气温回升，日照量、降水也开始增多了。人们会在这时开始准备春耕，并对小麦等小春作物进行补肥。

雨水

雨水在每年的2月18日、19日或20日。雨水有两层含义，一是天气回暖，降水量逐渐增多；二是在降水形式上，雪逐渐少了，雨开始增多。

雨水过后，气温升高，冰雪融化，空气湿润，降水增多，这些因素都有利于植物的复苏和生长。但是，天气乍暖还寒，反复的天气变化对开始返青的农作物等危害较大，此时应注意农作物的防寒防冻工作。

惊蛰

惊蛰在每年的3月5日、6日或7日。"蛰"是藏的意思，古人认为，惊蛰是天上的春雷惊醒了藏在土中的小动物。但这种说法并不准确。真正"叫醒"这些小动物的是日渐升高的气温和地温。

惊蛰以后，土地完全解冻，对农业生产有着相当重要的意义。但温暖的气候条件适宜病虫害的发生和蔓延，田间杂草也相继萌发，因此，应及时搞好病虫害防治和中耕除草。

春分

春分在每年的3月20日、21日或22日。春分有两层含义，一是指一天时间白天夜晚平分，各为十二小时；二是古时以立春至立夏为春季，春分处于春季三个月之中，平分了整个春季。

华北地区民间有谚语"春分麦起身，一刻值千金"，意思是说在春分时，对于越冬返青的麦子来说，正是"长身体"的好时期。此时也正是"九九加一九，耕牛遍地走"的时候，我国大部分地区进入播种季节。

清明

清明在每年的4月4日、5日或6日。清明意味着天气风和日丽，空气清澈明朗，草木郁郁葱葱，大地一片生机勃勃的景象。

清明时节，中原地区降水量仍然较少，对开始旺长的作物来说，水分常常供不应求，因此，要做好春灌保墒工作。

谷雨

谷雨在每年的4月19日、20日或21日。谷雨时节降水增多，利于谷物生长，所以谷雨有"雨生百谷"之意。

谷雨过后，气温迅速回升，雨水明显增多，这时的天气条件既适宜谷类作物的生长，又适宜越冬作物的返青拔节和春播作物的出苗。

立夏

立夏在每年的5月5日、6日或7日。立夏以后，升温加快，春播作物生长渐旺，田间管理进入紧张繁忙阶段，正如农谚所云："春争日，夏争时。"

在立夏前后，若降水量少，蒸发量大，由此导致的天气干燥和土壤干旱常常影响小麦的生长，尤其是小麦灌浆乳熟期前后的干热风，更是导致小麦减产的灾害性天气，因此，要根据土壤墒情，及时进行麦田灌溉，及早抑制旱情的发展。

小满

小满在每年的5月20日、21日或22日。小满意味着麦类等夏熟作物籽粒开始饱满，但还没有成熟，相当于乳熟后期，所以叫小满。

小满时节，降水开始增多，此时宜抓紧麦田病虫害的防治，并预防雷雨大风的袭击。在小满之后就进入了夏季，"夏收、夏种、夏管"的"三夏"大忙序幕即将拉开。从小满开始，应更加关注气象部门的天气预报。

芒种

芒种在每年的6月5日、6日或7日。"芒"是指麦类等有芒作物成熟，"种"指谷黍等有芒作物开始播种。芒种这两个字，说明这是一个农事繁忙的时节。

芒种时节，我国种植的小麦自南向北开镰收割，棉田需治蚜、喷药。为了保证晚秋作物在霜降前收获，应尽量提前整地、施肥、播种。

夏至

夏至在每年的6月21日或22日。这一天太阳直射北回归线，是北半球一年中白昼最长、黑夜最短的一天，从这一天往后，白天渐短，黑

夏日清荷

夜渐长，我国民间有"吃了夏至面，一天短一线"的说法。

夏至到小暑期间，我国大部分地区气温较高，日照充足，作物生长很快，需水较多。此时的降水对农业产量影响很大，有"夏至雨点值千金"之说。

小暑

小暑在每年的7月6日、7日或8日。"暑"表示炎热的意思，小暑为小热，但还没到最热。

小暑后，农作物进入苗壮成长阶段，需加强田间管理。大部分棉区的棉花开花结铃，生长最为旺盛，要及时整枝、打杈、去叶，以协调植株营养分配，增强通风透光，改善农田小气候，减少蕾铃脱落。

大暑

大暑在每年的7月22日、23日或24日。大暑是天气非常炎热的意思，表明它是一年中最热的节气。

入暑以后，玉米拔节孕穗，大豆开花结荚，对水分都有一定的需求。而此时我国各地降水量有较大差异，长江中下游地区易发生伏旱。此外，大暑正值夏季，是雷电灾害频发的季节，在农田劳动时，若遇上雷雨天气，要避开易遭雷击的地方，如高大的树木下、山顶上等。

立秋

立秋在每年的8月7日、8日或9日。立秋预示着炎热的夏天即将过去，清凉的秋天即将来临。

在我国许多地方，都有"立了秋，挂锄钩"的农谚。这句话的意思是说，立秋以后，庄稼开始成熟，大田已经不需要松土除草，稍事休息，秋收大忙即将开始。

处暑

处暑在每年的8月22日、23日或24日。处，含有躲藏、终止的意思，处暑表示炎热的夏天即将结束，天气逐渐凉爽起来。

处暑以后，气温日较差（一天中气温最高值与最低值之差）增大，中午气温仍偏高，但夜晚降温幅度大，昼暖夜凉的天气条件对庄稼的成熟比较有利。此时，应合理地施肥，以使庄稼颗粒饱满，但施肥时间不可过迟，以免庄稼贪青晚熟。处暑之后，一般少有大的暴雨过程，但连阴雨引起的秋汛常常影响秋季作物的收成，因此，要注意防好秋汛。

白露

白露在每年的9月7日、8日或9日。白露节气过后，冷空气逐渐南下，天气转凉，夜晚的温度与白天相比明显降低，水汽在地面或近地物体上凝结成露。

白露至秋分期间，我国大部分地区降水明显减少。北方秋高气爽；而南方如长江中下游等地如果秋雨"缺席"，则易形成夏秋连旱天气，农作物将会大量减产；而西南地区则会出现秋季多雨的独特天气，称为"华西秋雨"，以四川、贵州等地最为显著，阴雨连绵，气温低迷，有的年份会持续一月之久，对农作物的收获和生长极为不利。

金秋银杏

秋分

秋分在每年的9月22日、23日或24日。"分"有两层含义，一是表示昼夜平分之意，二是秋分日居于秋季中间，平分了整个秋季。秋分这一天太阳直射赤道，此后直射位置逐渐南移，北半球开始昼短夜长，气温下降的速度明显加快。

秋分时节，正是"秋收、秋耕、秋种"的"三秋"大忙季节。此时棉花吐絮、烟叶金黄，要尽快抢收，以免遭受霜冻而降低品质。对大田的整理要注意施肥、保墒，并根据土质和上一年的收成情况，选择优质高产的种子，做到科学种田。

寒露

寒露在每年的10月8日或9日。此时气温较白露时更低，露水更多，且带寒意，故称寒露。

寒露之后，我国南方大部分地区雨水减少，秋收作物陆续成熟。寒露的到来意味着秋收、秋种等农事需加紧进行，否则会影响到作物的收成。此时，北方地区正值玉米丰收、种植冬小麦的农忙时节，农民应抓紧时间，争取在霜降前后完成收获、种植工作。而华北、西北的棉农会趁天晴抓紧采收成熟的棉花，如果采摘不及时，成熟的棉花就会落到地上，造成减产。

霜降

霜降在每年的10月23日或24日。霜降含有天气渐冷、水汽开始结霜的意思。秋天出现的第一次霜被称为"早霜"，春天出现的最后一次霜被称为"晚霜"，早霜到晚霜期间被称为"霜期"。

霜降时节，我国北方地区进入秋收扫尾，"霜降不起葱，越长越要空"，即使像大葱这样耐寒的作物，也不能再生长了。在南方，霜降却是大忙季节，收割晚稻、杂交稻，种麦子、油菜，摘棉花、拔除棉秸，翻整耕地，正所谓"满地秸秆拔个尽，来年少生虫和病"。

立冬

立冬在每年的11月7日或8日。"冬"是终了的意思，有农作物丰收后收藏起来的含义，人们一般把立冬作为冬季的开始。

荻芦冬雪

"立冬到，农事忙。"此时，东北地区大地封冻，农林作物进入越冬期；华北、黄淮地区，农民正抓紧时机，浇灌小麦、蔬菜及果树，补充土壤水分；南方地区降水减少，天气晴朗，正是秋收冬种的大好时机。

小雪

小雪节气在每年11月22日或23日。此时降雨减少、降雪渐渐增多，然而雪量不大，所以人们把它称为"小雪"。

小雪过后，我国北方地区的农业生产进入冬季田间管理阶段，农民们开始为果树修枝，继续灌溉冬小麦，抓紧时间收割白菜等蔬菜。

在南方地区，田里仍有大量庄稼，农事比较繁忙。广东有"小雪满田红"的说法，这里的"红"不是指颜色，而是指农活多，人们会在此时收获晚稻、播种小麦。

大雪

大雪节气在每年的12月6日、7日或8日。此时受北方冷空气影响，产生降雪的概率更大了。

常言道："瑞雪兆丰年。"严冬积雪覆盖大地，可以保持地面及作物周围的温度不会因寒流侵袭而降得很低，为冬季作物创造了良好的越冬环境。积雪融化时又增加了土壤水分含量，以供作物春季生长的需要。此外，雪水中氮化物的含量是普通雨水的 5 倍，有一定的肥田作用。

冬至

冬至在每年的12月21日、22日或23日。此时太阳直射南回归线，北半球白天最短，黑夜最长。冬至以后，太阳直射点逐渐北移，北半球的白昼渐渐变长。民间有"吃了冬至面，一天长一线"的说法。

冬至期间，我国各地气候景观差异很大。东北大地千里冰封；黄淮地区也常是银装素裹；江南一带冬季作物继续生长；华南沿海地区气温仍在 10 ℃以上，生机盎然。

小寒

小寒在每年的1月5日、6日或7日。此时天气开始大幅变冷，但还未到达极点，所以称为小寒。

小寒之后，进入一年中最寒冷的时段。北方大部分地区田间已经没有太多的农活，农民们会在温暖的家中"猫冬"；而南方地区的农民则在忙着给油菜等作物追施冬肥。由于气温低，小麦、果树、畜禽等容易遭受冻害，要做好防范工作。

大寒

大寒在每年的1月20日或21日。大寒期间大风、低温、雨雪频繁造访，寒潮南下，很容易形成灾害性天气。

大寒时节，北方冷空气势力强大，天气更加寒冷，降雨量也最少，空气干燥，中原地区有时呈现一种持续"晴冷"的现象。若小麦播种时秋墒不够，入冬以后降雪又不足，冬小麦易发生干旱枯苗现象，此时，各地应按照不同的气候条件和耕作习惯，适时浇灌，保护越冬作物生长。

三、小谚语里的大道理

千百年来，我国劳动人民在和大自然斗争中积累了不少看天经验，用简明生动的语言编成谚语，来预测未来的天气。这些谚语有一定的科学道理，也有一定的实用价值。然而由于地域辽阔，南北天气气候相差很大，表现在天气谚语上，地方特色就很明显。另外，还受其他气象条件的制约，所以不能单凭一条谚语，就对未来天气变化作出绝对的结论，而是要科学分析，灵活应用。

热在三伏，冷在三九

地球的热量主要来源于太阳，我国处于北半球，春分过后，太阳直射点开始慢慢移到北半球，我国各地日照时间逐日增加。到了夏至这一天，太阳直射北回归线，我国大部分地区白昼最长，日照时间最长，按理说，夏至应是一年中最热的时候。然而三伏天却是从夏至以后的第3个庚日算起，这是与地球的热量收支有关系。地球白天吸收太阳辐射的热量，夜间又把部分热量射到空中。进入春季后，特别是进入夏季后，地球白天吸收的热量比夜间散失的热量逐渐增多，这样地面上积累的热量逐渐增多，气温也随之逐渐升高。而夏至这一天，虽说地球吸收的热量最多，却不是地面积蓄热量最多的一天。夏至以后，地面每天仍在继续储蓄热量。到了三伏天，正是一年中地面积蓄热量最多的时候。显然，这与一天中最高气温不是出现在正午而是出现在午后2时左右的道理是一样的。

在盛夏三伏天，受副热带高压的影响，我国江淮流域多晴空少雨，容易出现干旱（称为"伏旱"），在这闷热难耐、庄稼"渴"得难受之时，偶尔袭来的

未成熟的玉米遭受伏旱

台风送来了及时雨，会解除或缓和这些地区的"伏旱"。而随着雨带北抬，会在黄淮、华北、东北等地造成一次次强降水天气过程（称为"伏汛"）。副热带高压南侧常常有台风活动，会给我国南方带来大量降水。因此，在伏天里，既要注意抗旱，又要注意防涝。

到了冬至这一天，北半球白昼最短，黑夜最长。也就是说，这时候太阳照射时间最短，地面吸收的热量最少，而夜晚放散出去的热量却最多。初看起来，冬至应是最冷的时候，但实际上不是这样的。冬至以后到春分之前，就一天来说仍然是白天短、夜间长，地面每天吸收的热量还是比散失的热量少，使气温继续一天天降下来。到三九前后，地面积蓄的热量最少，天气也就最冷了。因此，一年中最冷的时候，一般出现在冬至后的三九前后。

霜前冷，霜后暖

霜是风小少云天气的产物，它的形成需要寒冷相配合。也就是说，在霜出现之前，要有冷空气或者寒潮袭来。冷空气来袭时，冷风持续吹，靠近地面一层的空气无法滞留很长时间，不能充分冷却，这样霜就很难出现。冷空气过后，风小了，近地面的冷空气与地面接触时间长了，就能充分冷却，水汽达到饱和，直接凝华成霜。而霜后的天气一般维持晴好，阳光充足，气温一天天回升，于是人们感觉霜后比霜前要暖和一些。

下雪不冷融雪冷

在我国北方，有"下雪不冷融雪冷"这样一条民谚。要解释这条

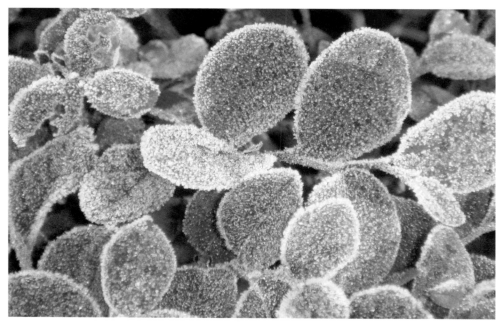

霜

谓语，得先从下雪说起。在冬季，我国各地，特别是北方经常会受到寒潮的侵袭。寒潮本身就是从北向南流动的一股强烈的又冷又干的空气。当它的前缘和其南边的暖湿空气接触时，就会把暖湿空气抬升到高空去，使其中的水汽迅速凝华成冰晶，又逐渐增大成为雪花落下来。

一般来说，寒潮来临前，南方暖湿气流很活跃，天气会呈现出短暂的暖意。下雪的时候，多半是寒潮刚刚来到的时候，暖湿空气还没有被"赶尽"。而水汽凝华成雪花，也会释放出一定热量。加上下雪时，天空往往布满乌云，像一条厚厚的被子遮盖着大地，能有效地阻止地面热量向空中散失。由于这些原因，就会使人感觉下雪前及下雪时的天气并不太冷。

冬雪

　　寒潮过境后，降雪停止了，云也消散了，天空变得晴朗起来，这样，失去了云这层"保温被"，地面就会向外散失大量热量。另外，积雪在阳光下，发生融化现象，雪融化时又要吸收大量的热量。因此，人们就会感觉天气反而冷一些了。

东虹日出西虹雨

　　我们知道，当太阳光通过三棱镜的时候，在前进的方向上会发生偏折，而且原来的白色光会被分解为红、橙、黄、绿、蓝、靛、紫七种颜色的光带。下雨时，或在雨后，空气中充满着小水滴，它们就类似于棱镜，当阳光经过水滴时，如果角度适宜，就会形成彩虹现象。

　　因此，只有大气层里有较多的水滴时，才会有虹出现。反过来

虹

说，如果天空中有虹出现，就表明大气里有较多的水滴存在。如果虹在东边，表明在我们东边的大气里有雨存在。我国大部分地区处在西风带里，多数天气系统是有规律地自西向东运动的，东边的坏天气是会越来越向东移去。如果虹在西边，表明在我们西边的大气里有雨，随着大气的运动，雨就会落到我们这个地方来了。因此，东边出现虹时，本地是不太容易下雨的，而西边出现虹时，本地下雨的可能性却很大。

鱼鳞天，不雨也风颠

鱼鳞天指的是天空中紧密地排列着的一些整齐的小云块，从地面望上去，好像鱼的鳞片，斑斑点点，又像轻风吹过水面所引起的水波

卷积云

纹，煞是好看。在气象学上，这类云叫作卷积云。

  卷积云一般不单独出现，往往跟着它的"同族兄弟"——卷云、卷层云一起出现。在坏天气来临前，往往先有卷云、卷层云到来。如果高空气流不稳定，那么有些卷云、卷层云中就有波动发生，云体会转变成卷积云，它又很容易变成高积云。在不稳定条件下，高积云会继续增厚变成雨层云，预示着坏天气要来了。因此，当天空布满卷积云时，是天气将要转阴雨的一种征兆。所谓"鱼鳞天，不雨也风颠"，指的就是这种情况。一般来说，位于冷锋前的卷积云，预示冷锋的来临，将要出现坏天气。

天上钩钩云，地上雨淋淋

钩钩云，气象学上称为钩卷云，往往在七八千米的高空出现，呈丝缕状，向上的一端有小钩或小簇，像逗点符号，钩卷云往往平行排列，云层薄而透明。

钩卷云大多数出现在冷暖空气交界区的低气压前面。冷暖空气相遇，暖湿空气被抬升，水汽被带到高空，因温度下降而产生凝结现象，形成了高度不等的云层，如低层有雨层云、层积云，中层有高积云、高层云，高层有卷云、卷层云等。在天气变化前，我们总是先看到高的云，然后才看到中云、低云。所以当看到高空有钩卷云系统地侵入天空后，接着就要出现高积云等中云，而后低云随之出现。一般

钩卷云

来说，高积云、雨层云来临后，不久就要下雨了。所以钩卷云或卷云常常指示着低气压移动的方向，成为下雨的前兆。

一场春雨一场暖，一场秋雨一场寒

春季开始，太阳照射北半球的时间逐渐增长，太平洋上的暖湿空气随着向西向北伸展。当暖湿空气向北推进，并在北方冷空气边界上爬升时就产生了雨。它在爬升过程中，也将冷空气向北"排挤"，结果往往是暖空气占领了原来被冷空气盘踞的地区。因此，在暖空气到来之前，这些地方往往要下一场春雨。"一场春雨一场暖"的感觉就是因为这个缘故。

秋天，北方如西伯利亚一带的冷空气堆积越来越多，一股股冷空气常常南下进入我国大部分地区，当它与还在逐渐衰退的暖湿空气相遇后，就形成了雨。一次次冷空气南下，常常造成一次次降雨，也将暖空气向南"排挤"。这样，随着一次次冷空气侵入，温度一次次降低。而且，随着太阳直射点逐渐向南移动，北半球获得的太阳光的热量一天天减少，导致暖空气的强度势必越来越弱，这就更有利于冷空气增强和南下。因此，几次冷空气南下后，当地的温度就变得很低了。

参考文献

本书编委会,2010.气象信息员知识读本[M].北京:气象出版社.

陈云峰,2020.二十四节气的前世今生[M].北京:气象出版社.

陈云峰,2019.气象知识极简书[M].北京:气象出版社.

李慧,2017.观天测地话卫星[M].北京:气象出版社.

王建忠,2015.农村气象防灾减灾知识读本[M].郑州:海燕出版社.

许小峰,2012.气象防灾减灾[M].北京:气象出版社.

许小峰,2016.中国气象百科全书·气象科学基础卷[M].北京:气象出版社.

余勇,陈云峰,刘波, 2018.漫话二十四节气[M].北京:气象出版社.

郑国光,2019.中国气候[M].北京:气象出版社.

《中国气象防灾减灾》编委会,2021.中国气象防灾减灾[M].北京:气象出版社.

中国气象局,2021.气象往事——中国气象科技展馆里的故事[M].北京:气象出版社.

中国气象局办公室,中国气象局气象宣传与科普中心,中国工程院环境与轻纺工程学部,2015.气象防灾减灾科普手册[M].北京:气象出版社.

中国气象局气象宣传与科普中心,2015.中国天气气候概况[M].北京:气象出版社.

中国气象局气象宣传与科普中心,国家气象中心,2016.常见农业气象灾害科普手册[M].北京:气象出版社.